JN006555

清水万由子・林 美帆・除本理史 編
Mayuko Shimizu, Miho Hayashi, & Masafumi Yokemoto

公害の経験を未来につなぐ

教育・フォーラム・アーカイブズを通した公害資料館の挑戦

ナカニシヤ出版

はしがき

　いま，私たちを取り巻く環境は「危機」に直面している。気候変動，生物多様性の喪失，物質循環の乱れ。あるいは，絶えることのない戦争，貧困，災害，感染症のパンデミック。そんな時代にあってなぜあらためて「公害」を取り上げるのか，と疑問に思われる読者もいるかもしれない。

　「公害」という言葉が深刻な社会問題として人びとに認識されてきたのは，日本が高度成長のただなかにあった1960年代であった。戦後復興を経て1960年代には，日本では軽工業から重化学工業への産業構造の変化と，農村から都市への流入による人口構造の変化を基調にして，家族や地域共同体のあり方，生活様式，教育，働き方など，社会の構造的変化が生じた（苅谷, 2015）。大きな社会変動のなかで生じた公害は，1970年代には日常化・全国化し，公害被害者運動と反公害の世論が政治や行政を動かすという状況も生み出した（宮本, 2014）。この時代に起きた劇的な変化は，現代の私たちが生きる社会につながっている。

　本書は，現在地から公害を捉え直すことの意義と，公害が私たちに語りかけるものを汲み取ろうとする営みについて書いたものである。公害を現代的に捉え直すにあたって，本書で重視しているのは二つの視点である。一つは公害経験の多面性を理解することだ。公害が現在進行形で深刻な被害を生み出していた当時，被害の重大性を社会的に認知させ，被害救済や公害防止を求めることが最重要課題とされるべきだったということには疑いはない。そしていまだ放置されている被害の存在は強調されなければならないが，他方では公害を生み出さないように，技術，制度・政策，人びとの意識などにおいて変わってきた部分は確実にある。時間の経過のなかで，公害に対する認識や関わり方は多様化している。直接に被害を受けなかった人にも，公害が何らかの意味を持つものとして多面的に理解されることで，公害経験が将来に向けて継承される可能性がみえてくる。

　二つめには，公害経験が持つ普遍性である。1970年代後半になると，産業界からの「公害は終わった」との声に押されて日本の公害対策は停滞した。都市・生活型公害の蔓延と地球環境問題の顕在化により，とりわけ産業公害は局所的な問題とみなされ，「公害から環境問題へ」といわれるようになった。個別の公害問題は，限ら

れた地域において，特定の被害者を生むという意味では局所的な現象であるが，その根底にある社会構造には普遍的な問題が存在している。政府・自治体の地域開発政策はどうあるべきか，市民の基本的人権をいかに保障するか，企業の社会的責任とは何か。「公害を二度と繰り返さないためにどうするか？」と考えると，そうした普遍的な問題に行き着くのである。そのことは，公害の教訓は公害からしか学べないとは限らない，ということも示している。それらの普遍的問題は，「戦争を繰り返さないためには？」「差別や人権侵害を起こさないためには？」といった問いからたどり着くことも可能である。公害経験は，そうした人間の「困難な過去」の一つとしての普遍性を持っているといえるだろう。

「誰一人取り残さない」持続可能な未来という人類共通の目標として，SDGs（Sustainable Development Goals：持続可能な開発目標）が掲げる 17 の価値は，どこか知らぬところから突然に降ってきたものではない。公害を多面的に捉え直すことによって，それらが私たちの社会のなかで，先人たちによって見出されてきたものであることが理解されるはずである。

本書で用いる「公害経験」という語には，統一された定義があるわけではないが，筆者の間でゆるやかに共有されている認識がある。一つには，継承されるべき公害経験は，時代を超えて多様な人によって共有されうるものである，ということである。福島在行は戦争経験の継承に関して，「体験」が個人にとっての独自性（私性）に依拠するものであるのに対して，「経験」は他者との共通性（一般性）を意識しながら自らのなかに位置づけようとするものであると述べている（福島，2021）。そのように区別するならば，固有の公害「体験」を持たない人も，公害「経験」が持つ一般性を理解し，現代の諸課題と接続しながらその意味を考えることはできる。

このことは，公害経験を継承する方法とそこに関わる人が多様化することにもつながっていく。直接的あるいは身体的に公害を「体験」した人による語りや記録だけでなく，公害を「体験」したことのない人がそうした記録から学んで表現した語りや作品もまた，次世代へ公害経験の継承を担うことになる。

本書の構成は，以下の 3 部からなる。第 1 部「なぜ今，公害経験を継承するのか」は，「公害経験の継承」という主題の射程を示す総論の位置づけである。第 1 章「現在・未来に生きる公害経験──「記憶」の時代における継承」は，過去のものとなりつつある公害経験が，現在・未来に続くものとして継承されるにはどのような考え方と方法が必要かを問うている。人びとの具体的な日常と過去の公害とが連続性を持つこと，また公害経験のなかから時代を超える普遍的価値を見出すことが未来

への継承の鍵として示される。第 2 章「「困難な過去」から「地域の価値」へ──水俣，倉敷・水島の事例から考える」は，公害のような「困難な過去」に積極的価値を見出し「地域の価値」へと昇華させるうえで，多様な人びとが受け入れられる公害経験のストーリーを紡いでいくことの必要性とその実践について述べる。倉敷・水島で始まった実践からは，公害経験のパブリック・ヒストリー実践としての手応えが感じとられている。

　第 2 部「フォーラムとしての公害資料館」は，公害経験の継承における公害資料館・博物館の役割と現状についての三つの論考からなる。第 3 章「公害資料館ネットワークは何をめざしているか──多視点性がひらく「学び」と協働」は，公害資料館ネットワーク設立の背景と経緯を述べながら公害経験の継承という課題の社会的文脈をひも解き，ネットワークがめざす学びと協働に向けた実践が語られる。第 4 章「教育資源としての公害資料館──困難な歴史を解釈する場となるために」では，公害資料館が「困難な歴史を解釈する場」としてその機能を果たすために必要な要素を提示している。公害資料館は，そこへやってくる若い世代の「学習の困難」に向き合い，共に語り合う，学びの伴走者としての役割を持っている。そこには公害資料館に集う継承者（歴史実践者）たちの力が欠かせない。第 5 章「福島原発事故に関する伝承施設の現状と課題──民間施設の役割に着目して」は，福島県内で震災伝承施設が次々と開設されるなかで，「フォーラムとしてのミュージアム」という視点からは官製施設の多くが課題を抱えており，民間施設の役割が大きいことを指摘する。このことは，公害資料館でも公立／民間の運営主体の違いが展示内容の違いと無関係でないことと相似をなしている。第 6 章「記憶を伝える場としてのミュージアム──国際的な潮流を踏まえて」は，博物館の社会的役割という視点から，国際的動向を紹介している。国際博物館会議（ICOM）や関連組織の活動に参加してきた筆者の経験から，世界各地の博物館が「困難な過去」にどのように向き合おうとしているかが紹介される。それらを通して公害資料館は「フォーラムとしてのミュージアム」として多様な視点から対話する場所になるべきであるという提言が示される。

　第 3 部「公害資料の収集・保存・活用」には，アーカイブズ学の知見を踏まえて，公害経験の継承における公害資料の価値と意義を論じた三つの論考が収められている。第 7 章「公害経験の継承と公害資料──アーカイブズとしての公害資料館」は，まず公文書館における公害資料の所在状況調査について紹介し，多種多様な公害資料の全体像の一端を明らかにしている。第 8 章「社会変革に向けた社会運動

アーカイブズの役割——薬害スモン被害者団体記録から」で紹介される社会運動資料と比較しながら読むことで，多様な資料を参照することにより公害経験の多面性を理解できることが実感されよう。第8章で述べられるように，社会運動資料には，権利の獲得／回復と社会の変革を求める運動の足跡と当事者の切実な願いが現れる。「記録の力」は公害経験の継承において非常に重要な役割を持つであろう。また，第7章はアーカイブズとしての公害資料館における資料の収集・整理・保存・公開に取り組む際の論点について述べているが，それらの論点の実際については，第9章「公害資料の活用を促す仕組み——環境アーカイブズの活動から」で詳述される。第9章で提起される「活用促進のネットワーク」とは，資料の収集・整理・保存・公開，そして活用がフィードバックループをなすことを指す。多視点からの解釈を更新し続けるために，アーカイブズ自体も動的であるべきであるという指摘は，困難な過去から積極的価値を引き出すには，解釈（権）を固定化しないことが重要であるとする第2章にもつながる。

　本書は，公害経験の継承というテーマに正面から向き合った最初の本である。危機のなかを生きて行く私たちの社会は，公害経験という貴重な遺産を受けとっている。これをどう活かし，よりよい未来につないでいくのか。本書がその指針となることを願う。

清水万由子

【引用・参考文献】

苅谷剛彦 (2015).「一九六〇年代——高度成長の「時代」と日本の変貌」『ひとびとの精神史 第4巻 東京オリンピック——1960年代』岩波書店, pp.1-17.

福島在行 (2021).「平和博物館研究をより深く学ぶために」蘭　信三・小倉康嗣・今野日出晴［編］『なぜ戦争体験を継承するのか——ポスト体験時代の歴史実践』みずき書林, pp.383-400.

宮本憲一 (2014).『戦後日本公害史論』岩波書店.

目　　次

第1部

なぜ今，公害経験を継承するのか

第 1 章
現在・未来に生きる公害経験
「記憶」の時代における継承

清水万由子

1 公害経験をめぐる時代状況

　現代の人びとにとって，公害経験とは何を意味するだろうか。筆者がこの 10 年間大学の授業で学生に接してきた印象では，それは線でも面でもなく「点」であり，動的でない「静」止画的イメージである。つまり，水俣病や四大公害という言葉は知っているが，それらがどのような歴史的分脈のなかで発生し現在へ至るのか，また公害問題に関わったのはどのような人びとで，何をなし何をなさなかったのか，といったことは知らない。

　一方で，今も公害経験と共に生きる人びとがいる。公害による苦しみを抱える人は，制度的な認定や救済の有無とは関係なく今なお存在するし，被害者を傍で支え続けてきた支援者たちは被害救済と再発防止を求めて声を上げ続けている。あるいは，過去の公害経験と向き合いながらよりよい地域をつくる活動に取り組む人びと，公害経験を語り合い伝え続けようとする人びとがいる（安藤ほか, 2021）。筆者らが参画する「公害資料館ネットワーク」には，各地で公害経験を様々な方法で伝える活動に取り組む公害資料館や個人が集っている[1]。

　公害経験は，ある人にとっては遠い過去であり，またある人にとっては今，ここにある現実である。まだらな歴史化の途上にある公害経験を，ここでは「生乾き」の過去と呼んでおく[2]（清水, 2021）。公害問題が激化した時代に生きていた人と，そうでない人。公害問題に直接関わりのあった人と，そうでない人。公害問題の加害者側にいる人と，被害者側にいる人。時間経過のなかで公害経験をめぐり様々な

1）公害資料館ネットワークウェブサイト〈https://kougai.info/（最終確認日：2022 年 12 月 8 日）〉
2）本書を構想する契機となった研究会で，除本理史が用いた表現である。

立場が生まれ，それぞれの立場のなかに過去と現在がないまぜになっているために公害の捉え方は多様であり，時に葛藤を生む。生乾きであるがゆえに公害経験を学ぶ側，伝える側の双方に困難があり，公害経験の継承は簡単には進まない（清水，2017）。

　公害経験を経て日本社会が変化を遂げてきたことは，すでに公害研究の碩学たちが総括している。宮本憲一が戦後日本の公害問題の解決を促した重要な要因としてあげるのは，住民運動と世論が自治体改革を促し，自治体が環境政策を先導したこと，被害者による公害裁判の勝利が被害者救済を進めたことである。公害経験が当時の日本社会に基本的人権，地方自治，三権分立の重要性を認識させた（宮本，2014）。また，歴史学者の小田康徳は，公害問題が歴史認識に及ぼした影響を以下の5点に整理している。すなわち，①資本の強大化過程における国民の貧困化＝収奪の一形態を表現したこと，②人権問題としての公害と人権擁護活動としての公害反対運動，③自然環境の価値への目覚め，④あるべき地域像を考察する契機，⑤公害防止技術の必要性への合意の出現，である（小田，2017）。宮本と小田は，公害は人権，自治，自然，地域像などの尊重すべき価値の認識というレベルで私たちの社会に大きな影響を与えたことを指摘している。

　また，かつての公害は国内で生じた被害を問題にしていたが，グローバルに拡大した産業構造は公害輸出という形で世界中に被害を拡散させている。その認識は，公害の加害 – 被害構造の解明過程で具体的に明らかにされており（飯島，2000），グローバル経済が可能にする大量生産・大量消費の生活様式は搾取的な構造のもとに成り立っているという言説（斎藤，2020）が普及する以前からあるものだ。

　公害経験が社会の不平等と不公正に目を向ける契機となったことも，重要である。「環境正義」（environmental justice）概念は，環境負荷やリスクの分配が社会的・経済的弱者に偏る配分的（不）公正と，政策決定における住民参加の不備など手続き的（不）公正の両面から，環境問題を政治的・倫理的問題として捉える概念である。環境社会学者の寺田良一は，日本の公害反対運動では「環境正義」という言葉は用いられなかったが，それは罪なき人びとの生命・生活基盤の破壊と企業・行政による解決行動の遅滞が，誰の目にも明らかな「環境的不公正」であったからにすぎないと振り返っている（寺田，2016）。今日では SDGs（Sustainable Development Goals：持続可能な開発目標）に掲げられるような人類共通の諸価値の認識は，公害経験から学んだことでもある。しかし冒頭で述べたように，公害経験が普通の人びとの生活や地域社会のあり方にとって活用可能な遺産であるという認識は，共有さ

れていないように思う。

　一方で，少なからぬ人に再び公害経験を思い出させたのは，東日本大震災を契機とする福島第一原子力発電所事故（福島原発事故）による諸被害であった。被害の態様については，原発事故の場合は被曝リスクとその派生的被害という特徴があるが，被害の広がりや，地域再生の必要性については公害経験に重ねた議論が展開されている（除本，2016）。藤川・除本（2018）は，福島原発事故発生の背景に，被害の軽視・問題の限局化と，加害責任の曖昧化の循環的進行があるとする。公害被害が放置され問題が長期化した構造が，福島原発事故でも繰り返されたとみるのである。さらに，国の産業開発政策が公害発生の政治的・経済的文脈を形成したことと，国策による原子力発電所建設・運用が地域住民の不安の声や反対の動きを封殺してきたことにも，共通する構造があると思われる。原子力発電所の建設（あるいは建設拒否）も事故後の"復興"のあり方も，地域開発の文脈に連なるものだとすれば，その文脈のなかには公害経験も含まれる（中田・髙村，2018）。

2　価値転換の模索

2-1　過去への価値付与

　1990年代以降，日本各地で公害資料館が設立され，公害経験を継承する拠点が次々と生まれている。公害資料館は設立の背景も運営形態も様々であるが，いずれも公害経験に関わる展示・アーカイブス・研修の三つのうちのどれか，またはすべての機能を持っている（公害資料館ネットワーク，2016）。公立の公害資料館では，幅広い年齢層の一般市民が地域で起きた公害について知ることができるように展示を行っている館が多い。資料所有者から寄贈を受けるなどして資料を集めて展示を構成する場合には，被害者団体などの当事者に内容を確認し，監修を受けて展示を制作することになる。その過程で被害者から「これ〔展示原案〕では思いが伝わらない」「もっと自分たちの苦労が伝わるように」（公益財団法人公害地域再生センター，2018：96）と要望を受けて修正するケースがある。公立資料館の展示においては，行政の対策を正当化する場合があることは繰り返し指摘されているが（金子，2011；平井，2015；後藤，2017；菅，2021），"公式見解"への異議申し立てがなされるのである。

　公害経験をどのような物語として語るか，限られた時間と空間でどの事実を語り，どの事実を語らないのか，という問いに，それぞれの公害資料館は必ず直面す

る。しかし全体を見渡せば，被害者とその支援者の組織が設立した民間の公害資料館では，公立資料館とは異なる視点から展示や研修に取り組んでおり，大学や自治体が公害資料のアーカイブズを持つなど，様々な公害資料館が相互補完的に公害経験を伝えていることは重要である。

　「生乾き」の過去に関する解釈の葛藤とはつまり，公害経験にどのような意味づけをして語るのかをめぐる葛藤である。公害経験は第一義的には被害者が負った苦難の経験であり，それゆえに負の（＝否定性を帯びた）歴史といわれることがある。それが後世へ継承すべき負の「遺産」となるには，それが現在において何らかの肯定的価値を持つような価値転換が必要である（松浦，2018）。公害資料館は，公害経験が現在・未来にとって価値があることを示すという重要な役割を持つのである。

2-2　過去・現在の分断

　公害経験を語る際，加害－被害関係との距離感は一つの鍵となる。筆者は公害資料館ネットワークの活動に参加するなかで全国の公害地域における多様な様相を知る機会を得た。新潟県の阿賀野川流域で活動する（一社）あがのがわ環境学舎は，新潟水俣病の原因を生んだ旧昭和電工鹿瀬工場（現・新潟昭和）のCSRと環境対策を学ぶ工場見学ツアーや，新潟昭和や阿賀町役場との協働による新潟水俣病の教材づくりに取り組むが，そこに被害者団体の直接的関与はない。被害者団体の支援者から企業の加害責任についてのスタンスを問われると，「目の前にいる原因企業の社員さんと，1対1の人間として一緒にお付き合いさせていただいている」（公害資料館ネットワーク，2020：50）として，原因企業の「現在」を強調し「過去」の責任を正面から問うことはない。また，あがのがわ環境学舎は新潟水俣病が発生した阿賀野川流域で400回を超える懇談の場で語られた住民の思いをもとに，水俣病だけでなくかつての鹿瀬工場の繁栄や多様な地場産業なども含めた阿賀野川流域の歴史を描き出している。

　もつれた加害－被害関係の「もやい直し」という難題を託されたあがのがわ環境学舎は，「現在」の文脈のうえに企業との信頼関係を構築し，そこを拠点にしていったん公害経験を後景化し，地域社会の多面的な「過去」を広く見渡せる議論のテーブルをつくるという戦略をとっているのである。近年では，旧昭和電工鹿瀬工場が立地する阿賀町で，あがのがわ環境学舎，阿賀町，昭和電工株式会社などがコンソーシアムを形成し，新潟水俣病関連教材の作成に取り組むところまで到達している[3]。加害企業が公害を伝える教材づくりに直接参加する例は，きわめて珍しい。

　一般的に，過去に公害をめぐる加害者−被害者として対立し裁判で争うなどした当事者たちは，判決により加害責任が認められて事後的な被害補償がなされたとしても，──それらは往々にして完全なものではなく，そこに至るまでに長い対立が続くために──対立関係を完全に克服することは難しい。公害地域の「もやい直し」に原因企業が参加し協力することは，加害者としての責任の果たし方の一つであると考えることもできよう。しかし，被害者側からは「過去の公害についてきちんと謝罪しすべての被害を補償することが先だ」とか「加害企業の言うことは信用できない」といった声が上がる[4]。まさに公害をはじめとする企業が起こした社会的問題を経て，企業の社会的責任（Corporate Social Responsibility：CSR）の考え方が一般化してきたわけだが，被害者側は長い闘いの「過去」を忘れられず，企業の「現在」を容易に信じることができない。

　加害者側に目を転じると，公害を「すでに決着済みの問題」（＝過去）とし「過去には触れないでほしい」という本音も透けてみえる。筆者がある民間公害資料館と共に，かつての公害訴訟の被告企業に現在のSDGsへの取り組みについて取材を申し込んだところ，「過去の公害については一切答えられないが，現在の取り組みについては話す」という回答を受けたことがある。企業は「現在」における環境改善や地域貢献とその発信には積極的であるが，その源にある「過去」に再び関与することは企業の利益にはならないと考えているのであろうか。

　加害者−被害者の対立関係が固定化した状況において，本来は連続的なものである「過去」と「現在」は分断され，加害者側にも被害者側にも大きな価値転換は生じていない。双方が，被害に対する責任をめぐり対立した当時の論理を保持するか，そこに触れることを回避し，公害経験への新たな意味づけは十分になされていない。

　とはいえ実際には，価値転換がいつ，どこで，どのように生じるかを知ることは難しい。とりわけ，加害者の意思は広く社会に向けて表現されることがほとんどなく，価値転換の過程を正確に追うことは困難である。ただし，先述の新潟での「もやい直し」の取り組みが進展するなかで，昭和電工がCSRレポートで新潟水俣病について言及するようになった（五十嵐, 2020）ことは，あがのがわ環境学舎が設立以来取り組んできた，原因企業との関係構築の"戦略"が功を奏したものといえる

---

3) 阿賀の学習教材サイト〈https://www.agastudy.info（最終閲覧日：2022年12月8日）〉
4) 2015-2019年度の公害資料館連携フォーラムで，筆者は企業分科会担当の実行委員として参加したが，公害資料館と企業との協働をテーマにした議論のなかで何度かこのような問題提起を受けた。

だろう。新潟での取り組みは，正面から価値転換を強要することなく，個々の人間や組織の内省を促し徐々に価値転換を進めるような信頼関係構築の可能性を示している。

2-3　過去・現在・未来のつながり

　長い時間をかけて加害−被害関係そのものを連続的に変容させてきたケースもある。富山のイタイイタイ病の被害者団体（神通川流域カドミウム被害団体連絡協議会，以下「被団協」）と原因企業（当時三井金属，現在は神岡鉱業（株））は，1972年の控訴審判決確定後，被害救済，環境復元，発生源対策の三つの協定を結び，その実現に向かう互いの努力を通じて「緊張感ある信頼関係」を構築してきた。とりわけ公害防止協定に基づく神岡鉱山への立ち入り調査は，被団協・科学者と神岡鉱業が「二人三脚」で排水処理技術を向上させ，環境マネジメントシステムを作り上げる過程となった（公害資料館ネットワーク，2019）。

　「加害企業にとって鬼のように怖かった被団協」（渋江，2021：123）であったが，訴訟弁護団長をして「40年の歴史はただ流れていない。不倶戴天の敵が，無公害産業実現の共同事業者に変わった発展がある」（渋江，2021：124）と言わしめたのは，双方が40年間のお互いの努力を認めたゆえであろう。被団協と三井金属鉱業は，課題として残されていたカドミウムによる腎機能障害への補償をめぐり，2013年に一時金給付で合意し，全面解決を確認した。しかしそれは「過去」の忘却ではなく，「未来永劫に被団協との信頼関係を維持し，重大な災害の防止を徹底」（三井金属社長，『日本経済新聞』2013年12月18日付）するという，「現在」と「未来」の始まりである。かつては対立した加害者−被害者の関係が，環境改善という共通の価値に依拠して，技術改善を共に追求する関係に転換したことにより生じた価値転換である。過去において否定的な意味を持っていた公害経験は今後，積極的な意味をも含んで語られていくだろう。

　例えば，富山市内の小学校では，長い間イタイイタイ病についてほとんど教えられてこなかったが，近年になってイタイイタイ病を取り上げる授業実践が出てきている（公害資料館ネットワーク，2015）。富山市立宮野小学校がある富山市婦中町は，イタイイタイ病の認定患者がもっとも多く出た地域であり，大半の農地がカドミウムにより汚染されたため土壌復元事業の対象となった。宮野小学校では，2012−2013年度に6年生の総合学習の時間でイタイイタイ病の学習に取り組んだ（柳田，2018）。2013年度の学習では，児童らは患者と家族，裁判原告，土壌復元に携わっ

た人びと，そして原因企業である神岡鉱業ら「先人の努力」の歴史としてイタイイ
タイ病を伝えるという結論に至っている。担当教諭の柳田和文は，この授業実践の
狙いを次のように書いている。

> イタイイタイ病が持つ「悲しい記憶」は，教材として取り上げるにあたって決して
> 抜け落としてはいけない。しかしながら，このことにばかり執着していては，イタ
> イイタイ病に関わった多くの人々の努力や尽力により「悲しい記憶」から立ち直り，
> 安心して暮らすことのできる郷土を取り戻した「人々の努力の記憶」という，もう
> 一つの側面に気付くことが難しい。そこで，学び合い，表現し合うなど，互いの
> 考え方を交流する過程を大切にし，イタイイタイ病を多面的に捉えることにより，
> 様々な価値の中から自分の考えを再構築したり，厳選して確かにしたりすることで，
> 自らの生き方を振り返ることにつなぎたい。(柳田, 2018：2)

　この授業では，自分が暮らす地域で起きた公害の悲しい記憶も受け止めながら，
イタイイタイ病に関わる様々な立場の人びとの努力という異なる価値へと，子ども
たちの視点を転換させている。

2-4　過去の活用

　負の歴史に価値転換が生じれば，それは活用可能な資源になることもある。負の
歴史を観光業に活用しようとする「ダークツーリズム」が提唱されている（井出,
2013, 2018）。井出明によれば，ダークツーリズムの根幹は悲劇の犠牲者への「悼
み」と「地域の悲しみの承継」にあるとし，地域のダークサイド（否定性を帯びた過
去）に触れたツーリストが，犠牲者を悼み地域の悲しみに想いを馳せることで，心
の解放と魂の浄化を得ることができる。
　ダークサイドが持つ価値は個人の生き方の覚醒や社会構築のレベルにまで多面
的に波及すると井出はいう。価値転換という視点をより掘り下げるならば，そこに
は悲劇によって失われたものの本来の価値を再認識するプロセスが含まれるだろう。
除本理史は，水俣に暮らした石牟礼道子が『苦海浄土』で表現した水俣病とは，「人
間と自然が一体となった民衆の暮らし，自然のなかで生かされてきた人びと，そう
したかけがえのない「個」のトータルな破壊」（除本, 2018：230）であったとする。
平穏に暮らしていれば当たり前に存在するもののかけがえのなさを公害経験のなか
に見出した表現者によって，公害経験という負の歴史はかけがえのない価値をもた

らしてくれるものにもなる。

　ダークツーリズムには，負の歴史が持つ価値を誰にもわかりやすく明示し，経済的価値を持たせることが必要になる。ところが「生乾き」の過去である公害経験は，地域の社会関係を通じて加害 – 被害構造が派生的に広がり，いまだに複雑に絡み合っている場合が少なくない。仮に誰かが公害経験に肯定的な価値を見出したとしても，それが広く共通認識となるかどうかは別問題である。人びとの価値転換は容易なことではなく，地域を語る際に公害経験を前面に出すべきかについて，葛藤が生じる。

　ここまで，日本における公害経験の継承をめぐる状況を描いてきた。公害経験は同時代の共有体験から，過去のものとして間接的に知る対象へと移行しつつある「生乾き」の過去である。筆者が公害資料館ネットワークの活動を通じて垣間見たのは，生乾きの過去を忘却するのか想起するのか，想起するのは何のためなのか，様々な立場からの思いが行き交い葛藤する場面であった。次節では，価値転換の途上にある公害経験を継承するという課題に対して，どのような考え方と方法をもって臨むべきかを考えてみたい。

3　「記憶」の時代における公害経験の継承

3-1　公害経験のパブリック・ヒストリー化

　日本において公害経験に先んじて歴史化の過程が進行しているのは，戦争経験である。アジア・太平洋戦争の経験が歴史化する過程を丹念な資料分析から描き出している成田（2020）は，当事者一人ひとりの視点から固有の戦争「体験」が語られる時代，研究者らが体験者の「証言」を集めて歴史像の提示を試みる時代，そして戦争体験者が少なくなり，非体験者がメディアや教育を通じた語りによって戦争を追体験し，集合的な「記憶」として戦争を現在の文脈に位置づける時代，と戦争経験の語られ方の変化を整理している。成田はまた「記憶」の時代においては「事実はあらかじめ自明のものとして存在するのではなく，語りのなかに立ち現れるような多層・多重なものである，という認識がいまや前提」（成田, 2020：308）となっているとも述べる。

　「記憶」の時代に入るということは，個人が体験した断片的事象としての戦争像から，より多様で俯瞰的な視点から解釈された戦争観への変容過程が始まるということを意味する。そこでは，過去を語る主体は同時代の体験者から非体験者へ，加害

－被害の当事者から非当事者へと移っていく。それまで語られなかった同時代の証言や新たに発見される資料から，背景にある社会的文脈や加害－被害の実相が読み取られ，現代社会にある多様な視点から解釈され，構成される。

　公害の経験をこれまでもっともよく語ってきたのは，自らの苦難を語ることで公害と闘ってきた被害者であったが，「記憶」の時代において過去を語る主体は，同時代を生きたことのない非体験者，加害－被害構造のなかにいない非当事者へと変わっていく。「生乾き」の過去は，現在を生きる非体験者／非当事者——公害をその身に刻んでいない人びと——がこれをどう解釈するかによって，人の感情を揺さぶり，好奇心や探究心を刺激する"生もの"であり続けられるかどうかが分かれるだろう。

　その際，近年盛んに論じられているパブリック・ヒストリーの実践がめざすように，過去を解釈する行為を特定の権威（authority）から解放することが重要となる。特定の歴史像（公害像）の解釈を押しつけるのではなく，人びとが歴史観（公害観）を構成する過程をより豊かにすることに価値を置くのである。パブリック・ヒストリーは，パブリック[5]に対する（to the public）歴史と，パブリックのなかにある（in the public）歴史という二つの側面を持つ（岡本，2020）。前者は職業的専門家が書く歴史記述だけでなく，小説，映画，絵画など多様な形式で表現される歴史表現をも重視し，後者は人びとの日常生活のなかにある語りや身体行為などといった歴史実践を重視する。両者は別個のものというよりも相互的なものである。

　パブリック・ヒストリーの実践の最終的な目的は，過去の解釈それ自体ではない。民俗学者の菅豊は，パブリック・ヒストリーの主たる眼目は「そのような〔歴史学者と普通の人びととの〕上下関係を打ち壊し，多様な人びとが多元的な価値を尊重すると共に，同じ立場で協働して民主的に歴史をめぐって交渉しあう点」（菅，2019a：8）にあると述べている。それが実現するならば，パブリック・ヒストリーの実践は，価値観が多様化した現代の社会において尊重すべき共通の価値を過去からひき出し，それが実現されているのかどうかを確認する営みとなりうるのではないだろうか。

　さらにパブリック・ヒストリーが「過去と現在との終わることのない対話を通じて，過去を現在に関わるものとして現在に引き戻して，さらにこれからの未来に引き伸ばして，人びとのために役立てる「現在史」」（菅，2019b：4）であるとすれば，

5）筆者はパブリックという言葉を「公衆」ないしは「普通の人びと」として理解している。

現在・未来をより良くするために，現在から過去をみるというパブリック・ヒストリーの方向性が明確になる。公害経験をパブリック・ヒストリー化する際に問われるのは，過去がどうあったかだけではなく，現在から未来に向けて，私たちがどうありたいかであろう。

3-2　想起の文化の形成

　ドイツでは，ホロコーストをはじめとするナチスの戦争犯罪という負の歴史を国民の物語として共有し，継承してきたとされる。国家政府レベルでは近隣の当事国に対する謝罪と補償を続ける一方で，歴史教育，追悼記念施設，また街中に設置された記念碑やサインなど様々な方法で，社会全体で過去と正面から向き合うための努力が続けられてきた（石田，2002；岡，2012；石岡・岡，2016）。ドイツでは，どのような背景のもと，どのような方法でそれが行われたのだろうか。

　西ドイツでは建国以来，国家政治によりナチスの戦争犯罪に対する謝罪と補償が行われ，近隣諸国との関係修復がなされてきたが，一般市民の関心は少し遅れてやってくる。飯田（2005）が例とする元ナチス強制収容所（Konzentrationslager：KZ）の記念遺跡化過程では，終戦から30年以上が経過した1980年代にそれを支援する市民運動が起こった背景には，「68年世代」[6]と呼ばれる戦後第二世代への世代交代と，社会史／民衆史への関心の高まりがあることが示される。前者については，体制批判的な68年世代の若者たちが，親世代のナチスへの加担を問いただす動きがあり，その世代の倫理意識が基礎となって，ドイツと近隣国との共通歴史教科書作成などの動きにつながっていく。

　後者に関して飯田は，パブリック・ヒストリーという用語は使わないものの，社会史／民衆史すなわち普通の人びとの歴史を，普通の人びとが掘り起こし表現する取り組みとして，「大統領懸賞付きドイツ史生徒コンクール」を紹介している（飯田，1996）。1980年から3年間「ナチズムの下での日常」をテーマとし，合計約1万9千人の青少年（11~21歳）が家族や親戚へのインタビュー，資料調査等を通した探究学習に取り組んだ。これは「生徒が過去を真に「自らのものとすること（Aneignung）」」（飯田，1996：48）を期待したものだったが，参加者は，自分も同

---

6) 1968年は欧米で学生らによるベトナム反戦運動が起こり，反核平和，反権威主義，反資本主義などを訴え，日本の学生運動にも影響を与えた。68年世代はこの学生運動に参加した世代を指す。

じように行動したかもしれないという現在の自分との接続や，地元の人びとが語りたがらないナチス犯罪を調べることの政治的意味を知ることなど，過去と現在のつながりを示す複数の筋道を見出した。

　田中（2011）は，ホロコーストはナチスによるものとする言説から，ドイツの一般市民を主語とする言説へと転換した過程をたどり，上記の流れに加えて西ドイツで放映されたアメリカの TV ドラマ『ホロコースト――戦争と家族』[7] によって，遠い非日常の出来事と思われていたホロコーストが人びとの日常のなかに存在していたことが理解されたとも述べている。語ることが難しく，人びとを分断と対立に追いやりかねない困難な過去は，国際政治，社会運動，草の根の歴史実践という文脈のなかで，映像表現も含め多様な表現方法によってパブリック・ヒストリー化されたことがうかがえる。

　戦後ドイツのこの営みは「想起の文化」と呼ばれ，アライダ・アスマンは想起の文化の四つのモデルを示した（アスマン, 2019）。すなわち①対話的に忘却する，②忘れないために想起する，③克服するために想起する，④対話的に想起する，である。①は，戦後の西ドイツが国家として行った想起であり，和解のために赦しを求め，そして忘れる。②は被害者が彼らの存在を社会が忘れないよう求め，その視点を 68 年世代が引き継いだ。これら二つの想起は表裏をなしている。仮に公害経験に引きつけるならば，被害者が公害訴訟で訴えを認められ，加害者に謝罪と被害救済，公害防止策を取らせても，それだけでは記憶の風化の恐れがあると，被害者は公害経験の継承を求める。ここまでは世代交代も価値転換も生じない。

　③は 1980 年代以降のドイツで行われたように，分裂した人びとの和解と統合のために想起することをさす。被害者の苦しみが社会的空間のなかで語られ，共感をもって聴かれ，そして加害者の子孫と共有されることにより，共通の未来の基礎が築かれる。公害経験の継承においても価値転換の足場となる「克服のための想起」はなされた方がよいのだが，それが容易でないことも，これまでに述べてきた[8]。

　④は，さらに進んで国家間における過去，現在，未来への共通の見方を獲得するための想起である。自国の国民的記憶を，他国と共有可能な記憶へと改造すること

7）1978 年に製作され，ドイツでは 1979 年 1 月から放映された。
8）本章でも触れた富山のイタイイタイ病被害者団体と加害企業の三井金属及び神岡鉱業の「緊張感ある信頼関係」は，この「克服のための想起」を続けてきた結果として成立するものと考えられる。

は，現在の欧州の中でドイツにとっては切実な難題であるに違いないが，本章で述べてきた公害経験の継承という課題とは異質にもみえる。しかし，アスマンがこの対話的な想起を，「一つの共有されたトラウマ的な暴力の歴史のなかで，その時々に立場が変わる加害者と被害者の関係についての，共通の歴史認識」（アスマン，2019: 214）のためのものであると述べていることに注目したい。公害経験がそうであったように，加害と被害はここでも複雑に絡み合っている。

　対話的な想起は，対立し合う多様な記憶のつなぎ目を探しつつ，排除し合うのではなく，包み込む。統一的な歴史像を定めることではなく，共有可能で，接続可能な複数の歴史像群を手に入れるための営みということだ。公害経験をめぐる対話的想起では，正しい公害経験の物語を語ろうとしなくてもよい。しかし，他者と共有できる物語である必要があるし，他者の物語と接続可能である必要がある。誰かから見た公害は，反対側からは違う側面が見えることを知ることに，意味がある。その積み重ねが社会で共有可能な公害経験の物語を構成し，同時に継承することにもつながるからだ。ここに至り，想起の文化は，パブリック・ヒストリーの実践により培われるものであり，同時にパブリック・ヒストリーを"パブリック"たらしめるものであることに気がつく。「記憶」の時代の公害経験継承において求められるのは，この対話的な想起ではないだろうか。

3-3　対話的な想起と修復的正義

　公害経験をめぐる想起はどのような状況で，また誰と誰の間で行われるのだろうか。例えば公害経験を今も生き続けている被害者とその継承者（遺族，支援者），加害企業など広義の当事者がいる。そして，当事者ではないが公害の時代を生きた体験者，公害が過去になり始めた時代を生きる非体験者がいる。それぞれのカテゴリのなかでも経験された公害の内容は異なっているだろう。

　公害について異なる経験を持つ人びとの対話において参考になるのは，広義の修復的正義の考え方である。修復的正義とは，過去40年間に世界的に広まり刑事司法システムや教育，福祉などの幅広い領域に取り入れられてきた考え方で，懲罰による応報的アプローチではなく，「被害者の受けた損害と苦しみとニーズが理解され認められると同時に，加害者が責任を引き受けるよう働きかける積極的な努力がなされ，過ちが質されその過ちの原因が明らかにされる」（ゼア，2008: 79）ことを重視する対話的アプローチである。

　修復的正義の対話実践には，直接の加害者と被害者だけでなく彼らが属するコ

ミュニティのメンバーを含むカンファレンスやサークル（円卓）など様々な手法があり，裁判の一部として行われるものから，元加害者がコミュニティに戻る際に被害者と加害者の双方をサポートするために行われるものまで，その目的も様々である。

　多様な修復的正義の実践の柱となるのは次の三つであるとされる。第一には被害者が，そして加害者と彼らを取り巻くコミュニティが受けた損害／傷つき（harms）が何であったのか，またどうありたいかというニーズ（needs）に注目するということだ。傷つけられ，失われたものが何であったのかを，当事者とそのコミュニティが対話的に知ろうとすることを意味し，裁判の過程では必ずしも行われない。第二は加害者が，そしてコミュニティが自身の行動によってもたらした結果である損害を理解し，あるべき状態にするように努力する責任（obligations）を明らかにすることだ。加害者が参加する意思を持たない場合，修復的実践は成り立たないことも留意すべき点である。第三に，これらのプロセスには，「過ち」により影響を受けた人びとが参加すること（engagement）である。

　修復的正義の考え方は，被害者と加害者の和解と統合をめざす「克服のための想起」を連想させる。しかしここでは「記憶」の時代の公害経験継承に向けた「対話的な想起」の可能性を考えてみたい。「対話的な想起」には，修復的正義における「コミュニティ」のメンバーの存在が不可欠である。かつて公害が起きた地域で暮らす同時代の体験者，次世代の非体験者もまた，当事者とは異なる公害経験の物語を語りうる。それらは同じではないが，共有可能，接続可能ではあるかもしれない。そのつなぎ目を探す際，修復的正義の考え方は一つの拠り所となるのではないだろうか。

　さらにいえば公害経験は，複雑に入り組んだ加害‐被害構造を抱えている。例えば加害企業の社員が被害を受けていたこともあれば，被害者を差別した人も実は公害による苦しみを抱えてきたこともある。したがって，公害訴訟で責任を認められた被告だけが加害者ではないし，認定患者[9]や公害訴訟の原告だけが被害者なのではないとも言える。誰にも言えなかった，あるいは無自覚であった加害と被害への

9）公害健康被害補償法にもとづき補償給付の対象として認定された公害病患者。

10）石原明子は紛争解決学・平和学の立場から，ガルトゥングの構造的暴力の概念を出発点にして，水俣，福島など地域住民が対立と分断に追い込まれた地域における加害と被害の連鎖からの修復的脱却を構想している（石原，2014，2022）。

気づきも，当事者以外のコミュニティのメンバーが修復的正義の対話に参加することにより得られる重要な想起であろう[10]。

　誰が，どのような損害／傷つきを受けており，どうしたら本来あるべき状態にする（make things right）ことができるか。それに対する責任は誰にあり，また誰がそこに参加すべきか。そう問いかける修復的正義の対話は，「記憶」の時代における公害経験の継承プロセスの根幹に据えられるべきものであると考える。

4　公害経験を現在・未来に生きるものとするために

　最後に本章で述べてきたことをまとめておこう。公害経験は，「生乾き」の過去であるがゆえに，過去と現在・未来を連続的に捉えるか，分断するか，人びとの認識はまだら模様だ。多くの人が過去と現在・未来を分断させて理解するならば，公害は終わったことになり，公害経験から新たな価値が引き出され現在・未来に生かされることはないだろう。公害経験が現在・未来にわたり価値の源泉として継承されていくとすれば，次のようなことに取り組む必要がある。

　まず，公害経験が現在・未来の社会に対して示す価値を，歴史家など研究者だけでなく，パブリック・ヒストリーとして普通の人びとの日常生活と関連づける視点とやり方で明らかにしていくことである。同時に，公害によって侵され，失われたものが持っていた普遍的価値を認識することが，負の過去としての公害経験に肯定的な意味を与え，語り継ぐモチベーションとなる。ここで見出される普遍的価値は，人権，自治，公正，平和など，公害経験だけでなく戦争や差別など様々な「困難な過去」のなかに共通して見出されることもある。

　そして，加害と被害が複雑に絡み合う，多面的な公害経験を紡いでいく際には，当事者でない人びとや体験者でない人びとも含めた修復的な対話を根幹に置くことが重要である。本書の各章で論じられるように，そのための具体的な試みはすでに始まっている。対話は会議室だけで行われるものではない。ミュージアム，絵画・小説・漫画，現場で学ぶ旅，様々な媒体を通して声を交わしていくことが，公害経験を未来に生きるものとすることにつながるのではないだろうか。

【引用・参考文献】

アスマン, A.／安川晴基［訳］（2019）.『想起の文化——忘却から対話へ』岩波書店.（Assmann,

A.（2016）. *Das neue Unbehagen an der Erinnerungskultur:Eine Intervention, 2nd ed.* Munchen: C. H. Beck.）

安藤聡彦・林　美帆・丹野春香・北川直実［編］（2021）. 『公害スタディーズ──悶え，哀しみ，闘い，語りつぐ』ころから.

飯島伸司（2000）. 「地球環境問題時代における公害・環境問題と環境社会学──加害 - 被害構造の視点から」『環境社会学研究』6: 5-22.

飯田収治（1996）. 「戦後ドイツにおける現代史教育と「過去の克服」──1980 〜 83 年の「大統領懸賞付きドイツ史生徒コンクール」を中心に」『人文研究 大阪市立大学文学部紀要』48（12）: 43-64.

飯田収治（2005）. 「ドイツの「過去」をめぐる忘却・記憶・学習──ノイエンガメ元強制収容所記念遺跡の成立と展開」『人文論究』54（4）: 67-87.

五十嵐実（2020）. 「問題解決の推進力を強化する場づくり」佐藤真久・関　正雄・川北秀人［編］『SDGs 時代のパートナーシップ──成熟したシェア社会における力を持ち寄る協働へ』学文社, pp.234-249.

石岡史子・岡　裕人（2016）. 『「ホロコーストの記憶」を歩く──過去をみつめ未来へ向かう旅ガイド』子どもの未来社.

石田勇治（2002）. 『過去の克服──ヒトラー後のドイツ』白水社.

石原明子（2014）. 「修復的正義の哲学とその応用の広がり」安川文明・石原明子［編］『現代社会と紛争解決学──学際的理論と応用』ナカニシヤ出版, pp.36-57.

石原明子（2022）. 「加害者とは誰か？──水俣や福島をめぐる加害構造論試論」『現代思想』50（9）: 193-206.

井出　明（2013）. 「ダークツーリズムから考える」『思想地図 β 福島第一原発観光地化計画』4（2）: 144-159.

井出　明（2018）. 『ダークツーリズム──悲しみの記憶を巡る旅』幻冬舎.

岡　裕人（2012）. 『忘却に抵抗するドイツ──歴史教育から「記憶の文化」へ』大月書店.

岡本充弘（2020）. 「パブリック・ヒストリー研究序論」『東洋大学人間科学総合研究所紀要』22: 67-88.

小田康徳（2017）. 「歴史学の立場から見る公害資料館の意義と課題」『大原社会問題研究所雑誌』709: 18-31.

金子　淳（2011）. 「公害展示という沈黙──四日市公害の記憶とその表象をめぐって」『静岡大学生涯学習教育研究』13: 13-27.

公益財団法人公害地域再生センター（2018）. 『新潟水俣病・公害スタディツアー 2018──環境省平成 30 年度ユース世代による公害体験の聞き書き調査業務』

公害資料館ネットワーク（2015）. 『公害資料館ネットワーク 2014 年度報告書』

公害資料館ネットワーク（2016）. 『公害資料館ネットワークの協働ビジョン』

公害資料館ネットワーク（2019）. 『第 6 回公害資料館連携フォーラムin 東京 報告書』

公害資料館ネットワーク（2020）. 『第 7 回公害資料館連携フォーラムin 倉敷 報告書』

後藤　忍（2017）. 「福島県環境創造センター交流棟の展示説明文の内容分析」『福島大学地域創造』28（2）: 27-41.

斎藤幸平（2020）. 『人新世の「資本論」』集英社.

渋江隆雄（2021）. 「イタイイタイ病の加害企業として信頼を取り戻すために」安藤聡彦・林　美帆・丹野春香［編］『公害スタディーズ──悶え，哀しみ，闘い，語りつぐ』ころから, pp.122-125.

清水万由子（2017）. 「公害経験の継承における課題と可能性」『大原社会問題研究所雑誌』709: 32-43.

清水万由子（2021）. 「公害経験継承の課題──多様な解釈を包むコミュニティとしての公害資料館」『環境と公害』50（3）: 2-8.

第
1
部

第
2
部

第
3
部

菅　豊（2019a）．「パブリック・ヒストリー序説」菅　豊・北條勝貴［編］『パブリック・ヒストリー入門──開かれた歴史学への挑戦』勉誠出版，pp.3-68.

菅　豊（2019b）．「パブリック・ヒストリー ──現代社会において歴史学が向かうひとつの方向性」菅　豊・北條勝貴［編］『パブリック・ヒストリー入門──開かれた歴史学への挑戦』勉誠出版，pp.1-12.

菅　豊（2021）．「禍のパブリック・ヒストリーの災禍──東日本大震災・原子力災害伝承館の「語りの制限」事件から考える「共有された権限（shared authority）」標葉隆馬［編］『災禍をめぐる「記憶」と「語り」』ナカニシヤ出版，pp.113-152.

ゼア, H. ／森田ゆり［訳］（2008）．『責任と癒し──修復的正義の実践ガイド』築地書館．(Zehr, H. (2002). *A Little Book of Restorative Justice*. Intercourse, PA: Good Books.)

田中　直（2011）．「「過去の克服」と集団的記憶──戦後西ドイツにおける社会変容と記憶の転換」『立命館国際研究』*24*（2）: 219-240.

寺田良一（2016）．『環境リスク社会の到来と環境運動──環境的公正に向けた回復構造』晃洋書房．

中田英樹・髙村竜平（2018）．『復興に抗する──地域開発の経験と東日本大震災後の日本』有志舎．

成田龍一（2020）．『増補「戦争経験」の戦後史──語られた体験／証言／記憶』岩波書店．

成田龍一（2021）．『歴史論集3 危機の時代の歴史学のために』岩波書店．

平井京之助（2015）．「「公害」をどう展示すべきか──水俣の対抗する二つのミュージアム」竹沢尚一郎［編］『ミュージアムと負の記憶──戦争・公害・疾病・災害：人類の負の記憶をどう展示するか』東信堂，pp.148-177.

藤川　賢・除本理史［編］（2018）．『放射能汚染はなぜくりかえされるのか──地域の経験をつなぐ』東信堂．

松浦雄介（2018）．「負の遺産を記憶することの（不）可能性──三池炭鉱をめぐる集合的な表象と実践」『フォーラム現代社会学』*17*: 149-163.

宮本憲一（2014）．『戦後日本公害史論』岩波書店．

柳田和文（2018）．『イタイイタイ病の学習を通して地域の一員としての自覚をもち自らの生き方を考える児童の育成　第1回神通川清流環境賞 イタイイタイ病研究支援部門 最優秀賞受賞記念冊子』一般財団法人神通川流域カドミウム被害団体連絡協議会．

除本理史（2016）．『公害から福島を考える──地域の再生をめざして』岩波書店．

除本理史（2018）．「闘争から表現へ──水俣の地域再生と石牟礼文学」『現代思想』*46*(7), 224-231.

第2章
「困難な過去」から「地域の価値」へ

水俣，倉敷・水島の事例から考える

除本理史

1 なぜ公害経験を継承するのか：地域再生の視点から

1-1 「困難な過去」と集合的記憶

　四大公害訴訟の判決が出された 1970 年代前半から数えても，すでに半世紀になる。そうしたなかで「公害経験の継承」という課題が提起されるようになった（清水, 2017, 2021）。今も救済を求める被害者の運動があり，福島原発事故のように新たな公害が起きている現状では，決して「公害は終わっていない」（宮本, 2014：691-728）。だが同時に，数々の裁判の和解や環境対策などが積み重ねられ，公害事件は一定の「解決」をみており，そこに至る「歴史」がつくられてきたのも事実である。

　その「歴史」をどう解釈し意味付与をするかという点で，多くの犠牲を伴う公害事件は，戦争，自然災害，大事故などと同様に難しさを抱える。解釈の視点が立場によって異なり，それらの間の分断や対立が生じうるからである。多くの犠牲を伴い解釈が分裂しやすい「過去」は，「困難な過去」「困難な歴史」（difficult past, difficult history）と呼ばれ，複数の解釈のぶつかりあいは「意味をめぐる争い」（fights over meaning）ともいわれる（Cauvin, 2016: 222; Gardner & Hamilton, 2017: 11）。

　一方で「困難な過去」は，多くの人に記憶され，意味付与（出来事に対する解釈）がなされる。「過去」を忘却するのではなく，記憶し続けるために，関係者は遺構を保存し，モニュメントやミュージアムを設置するなどの取り組みを行ってきた。それらは「負の遺産」（ヘリテージ）とみなされ，ダークツーリズムといわれるようにそこを訪れる人も少なくない（竹沢, 2015；松浦, 2018；井出, 2018）。

　「困難な過去」に関する記憶は，単に私的なものではなく，他者と共有されれば集合的記憶となり，社会的な性格を帯びる。「過去」の解釈をめぐる議論が重ねられ，収束しないまでも真摯な対話が続けられることは，地域社会における分断の修復に

つながり「地域の価値」に新たな内容を加えていく。

1-2　価値の転換と分断修復の可能性

そもそも「困難な過去」は，多くの犠牲を伴っているため，人びとがその悲惨な事実を直視するのは容易でない。また，公害だけでなく，奴隷制，植民地支配，戦争など，複雑な加害－被害関係をはらむ問題では，その意味づけや解釈は立場により分裂しやすい。自然災害においても，死者の遺族と生存者のように立場の違いが存在し，それによって「過去」に対する解釈が分裂してしまうことがある。

つまり「困難な過去」は，我々が親しみにくい「過去」である。にもかかわらず，なぜ人びとの関心を集めるのか。ここでは二つの点に着目したい。

第一は，「困難な過去」が人権や平和といった普遍的価値を逆説的に（つまりそれらの侵害や破壊を通じて）提示していることだ。これは「困難な過去」の意味を反転させ，積極的価値に転換することの重要性を示唆する。つまり「影」のなかに「光」を見出すのである。人びとが「影」に接し，従来の価値観を反省することによって，こうした価値転換が可能になる（清水，2021：3-4）。

第二に，「困難な過去」に接することは，私たちの日常生活が先人の犠牲のうえに成り立っているという，普段あまり意識しない現在と過去の連続性を，強く自覚する契機となる。四日市公害の漫画を描いた矢田恵梨子は，地元出身ではあるものの公害に関心はなかったのだが，24歳のときに，たまたまテレビのドキュメンタリーを見て心を動かされ，患者や支援者の講演を聞くようになった。そして，遺族をはじめとする関係者にインタビューを重ね，9歳で亡くなった女の子を主人公にした作品を完成させた（矢田，2016a）。矢田は，四日市公害について学んだことで「今，目の前に広がっている青空は当たり前にあるものではない。今の四日市の環境は，多くの人びとの犠牲のうえにあるということを突きつけられました」と語っている（矢田，2016b：78）。これは，自らの住む地域（空間）と，過去・現在・未来という時間軸とを強く意識させる経験だといえる。

以上のように，「困難な過去」に関する記憶継承や遺構保存などの取り組みは，「影」のなかに，将来に向けた積極的価値・意義を見出し（価値転換），それらの価値と自分自身を深く関連づけようとする営みだといえよう。「困難な過去」の忘却は風化をもたらす。過去から教訓を汲み取り，未来へ進むためには，人びとが「困難な過去」に触れる回路をつくらなくてはならない。「負」の出来事の意味づけを変え，積極的価値へと反転させることによって，この回路が開かれる。1990年代に

スタートした水俣「もやい直し」の経験が示しているように，こうした価値転換は，少なくとも住民の間の分断状況を緩和し，地域発展の方向性について議論するきっかけをつくりだすことができる（除本，2016：137-167；遠藤，2021）。

しかし，加害者サイドの社会的・経済的影響力の方が大きければ，被害の隠蔽や加害の正当化も可能となる。それによる解釈の一面化を避けるには，地域内外の多様な立場から，意味づけの過程に関与することが必要であろう。被害者の立場も一様ではないのだから，多様な意見が表出されることが望ましい。こうした地域社会における集合的な営みが，分断を修復し，地域を再生していくのである。

このプロセスが平坦な道のりでないことは明らかだが，少しでも歩みを進めるためにどうすればよいか。本章では「地域の価値」をキーワードとして，このことを考えたい。

2 「困難な過去」から「地域の価値」へ

2-1　現代資本主義の変化と「地域の価値」

現代資本主義の特徴は，資本蓄積の過程において，物質的な生産・消費が後景に退くと同時に，非物質的な生産・消費の重要性が増大しているという点にある。生産・消費の対象が，使用価値（機能，有用性）から「差異」「意味」へと移行したのである。これは，大量生産・大量消費型のフォーディズム体制への批判を，資本主義が体制内に回収したことによって生じた変化である（除本，2020）。

「差異」「意味」は，人びとの主観から独立して「客観的」に存在するものではなく，コミュニケーションを通じて間主観的に構築される。つまり「差異」「意味」は，生産者と消費者によっていわば共同生産されるから，生産と消費の区別は曖昧となり，両者は一体化する傾向がある。とりわけ 1990 年代以降，人びとのコミュニケーションを通じた知識や情動の生産・消費が，価値生産の主軸になりつつある。こうした資本主義の変化は「認知資本主義」（cognitive capitalism）と呼ばれる（山本，2016）。

例えばモノの機能は変わらなくても，あるいは時間が経って劣化したとしても，そこに「意味」や「物語」（ストーリー）が加わることで価値が生まれる。芸術作品を例にとれば，時間が経つとモノとしては劣化しても，歴史的な評価に耐え，生き残ることでむしろその価値が高まる。これは，作品というモノそれ自体ではなく，そこに与えられた「意味」が価値の根拠になっているためである。

現代では，地域・場所・空間すらも非物質的生産・消費の対象となる。歴史，文化，コミュニティ，景観・まちなみ，自然環境といった「地域固有」とされる要素が重視され，それらに基づく「差異」「意味」が間主観的に構築される。

この「差異」「意味」とは，地域の面白さであったり，特質であったり，地域の将来像（めざすべき価値）であったりする。「困難な過去」も積極的価値に転換されることによって，このなかに取り込まれうる。

経済的に豊かでない地区に，アーティストが集まることで地域へのまなざしが変わり，ジェントリフィケーションが起きるように，地域の「差異」「意味」は消費や学習の対象となりうるし，新たな投資を呼び込み，住民の構成を変化させるなど，地域を大きく変貌させることもある。

「地域の価値」とは，①広義にはこうした一連のプロセスを意味し，②狭義には，そのプロセスにおいて社会的に構築される地域・場所・空間の「差異」「意味」を指す（除本, 2020）。

2-2　意味づけをめぐるコンフリクトと「地域の価値」の構築

人びとが「困難な過去」に向き合い，将来への積極的価値・意義を見出そうと模索するプロセスも「地域の価値」を構築することにつながる。しかし，その際の「意味をめぐる争い」は複雑な様相を呈する。広島の原爆被害の例から，このことを考えよう。

戦後の広島市は，当初，原爆被害を前面に押し出して復興予算の獲得をめざしたが奏功せず，「平和都市」建設という論理へと方針転換した。これは「困難な過去」を「平和」という積極的価値に反転させることでもあった。

「原爆」から「平和」への焦点移動は，原爆を投下したアメリカにとって好都合だったため，アメリカの支持を得て 1949 年に広島平和記念都市建設法が実現した。これにより復興が加速したものの，被爆者に対する援護施策は進まなかった（松尾, 2017）。

「平和」という言葉は，被害から目をそらすだけでなく，原爆が終戦と平和をもたらしたという言説を通じて，加害の正当化にも利用された。これとは反対に，反核平和運動の側は，原爆によって脅かされるものとして「平和」を位置づけた。後者の意味づけは，原爆被害を前面化するものではあったが，被害当事者の感情と必ずしも一致するわけではなかった。ともあれ，「平和」という土俵をある程度共有しながら，その意味づけをめぐる綱引きが展開されるようになった（直野, 2015：71-97）。

こうして広島市は，立場の違いを越えて共有しうる「平和都市」という「地域の

価値」を打ち出すに至った。しかし，共有されうるからこそ「平和」の意味は多義的である。そこには分立する複数の集合的な表象が包摂されており，それらの対立は実際の空間編成にも影響を与える。広島の原爆ドームは1996年，世界遺産に登録されたが，それまで長い間，遺産として保存を求める声があがる一方，忌まわしい記憶を呼び起こすものとして撤去を望む意見にもさらされ続けてきた。つまり，原爆の爪あとを残す遺構に，どのような意味を付与するかをめぐってコンフリクトが続いてきたのである（濱田，2013）。

2-3　多視点性に基づく開かれた対話

「困難な過去」は完全に過ぎ去った出来事ではなく，今も被害救済の課題が残り，あるいは問題が継続しているというケースが少なくない。そうした場合，「負の遺産」（ヘリテージ）という積極的な意味づけに対する被害者からの反発もありうる。

もちろん「困難な過去」の意味づけは，単一の見解に収斂している必要はない。しかし，異なる意味づけが分断されたままであるということは，地域社会の分断を意味する。したがって，一つに収斂する必要はないが，「異なる人々の記憶が相互に語られ，聞かれるテーブル」（松浦，2018：160）が存在することが望ましい。時間の経過がそれを可能にすることもあろう。ともあれ，対話が開かれることは分断の修復につながり，「地域の価値」に新たな内容を加えていく。

対話の場を開くのは，本書第3章・第6章でも強調されている多視点性である。つまり，加害者や被害者という特定の立場から「過去」を解釈するのではなく，多様な視点からの解釈を許容しつつ，過去からの学びを促すという姿勢である。もちろんその際，当事者（加害・被害のいずれにせよ事案に関わった人びと）に対する倫理的配慮や，人権や平和などの普遍的価値の尊重といった基本的な視点をゆるがせにしないことが大切である。その意味で，多視点性の強調は価値中立性を志向するものではなく，むしろどのような価値を重視するのかを互いに明示しながら，過去の解釈をめぐるコミュニケーションを活性化していくところに眼目があるというべきである。

ここで前節からの議論をまとめておこう。地域における分断修復には，人びとが「困難な過去」に接し，従来の価値観を反省するという個人レベルの変容が不可欠である。しかしそれは，個々人が単独でなしうる事柄ではない。多視点性に基づく他者との開かれた対話を通じて，変容が促される。そして「困難な過去」が積極的な価値へと反転されることで，分断修復に向けた足がかりが得られるとともに，「地域

の価値」が集合的に構築されていくのである。

3 「地域の価値」とパブリック・ヒストリー実践

3-1 「解釈権の共有」と「記憶の解凍」

　開かれた対話を通じて「困難な過去」から「地域の価値」を集合的に構築する営みは，過去の教訓を踏まえて地域の将来像を模索することであり，その意味でパブリック・ヒストリー実践の一つとして位置づけられる。パブリック・ヒストリーとは，歴史解釈の「権限」を非専門家にも開放するとともに，専門家・非専門家を含む様々な主体の間での協働（collaboration）をつくりだすこと，そしてそれを通じ，歴史を現在・将来の目的やニーズのために活用することをめざす理論と実践である（菅，2019：31）。

　協働の理念は，パブリック・ヒストリーでは「解釈権の共有」(shared authority)として語られてきた。これは，専門家が歴史の解釈を独占し一方的に伝えるのではなく，人びとの語りを重視したり，学ぶ側が歴史を解釈する余地を広げたりすることを意味する。また，文字資料によるだけでなく，歴史的事件を実際に再演したりして，非専門家が過去を鮮やかに体験できるようにする様々な手法も議論されている。「解釈権の共有」は，歴史の「生産者」と「消費者」の区別を薄れさせ，両者が歴史の解釈を共同生産する方向へと導く（Gardner & Hamilton, 2017: 12）。パブリック・ヒストリーは，専門家／非専門家の境界線を越えることを強調してきたが，それを含めて多様な立場（「困難な過去」の解釈に関わるような）の主体による協働をここでは重視したい。

　日本で行われている例として，渡邉英徳が「記憶の解凍」と名づけたプロジェクトがある（渡邉，2019；庭田・渡邉，2020）。これは，しまい込まれてストックと化している歴史を，人びとの目に触れ拡散されやすい形態に転換してフロー化し，それをめぐるコミュニケーションを活性化させる手法や取り組みである。例えば，人工知能を用いて戦前・戦中のモノクロ写真をカラー化し，SNSで共有する。そこに多くの人びとがアクセスし，当時の記憶などを含む様々なコメントを付す。それにより集められた情報を受けて，写真の色の補正が行われる，といった一連のプロセスを構築する。こうしたコミュニケーションの履歴はアーカイブされ，未来に継承される。この手法は，戦争の記憶を継承する活動のなかで生まれてきたものである。

　このプロジェクトは，人工知能や情報通信技術を利用しているところに強みがあ

るが，こうした技術を用いるかどうかはともかく，ストックと化した歴史をフローに変え，それをめぐる対話やコミュニケーションを活性化させること自体は，他のパブリック・ヒストリー実践にも共通して求められる要件であろう。

3-2　公害経験の継承とストーリー構築

　公害経験の継承においても，「解釈権の共有」は重要である。しかし，公害は戦争などと同じく「困難な過去」であるがゆえに，それをめぐる対話やコミュニケーションを活性化させるにはハードルがある。したがって，前述の価値転換に加えて，学ぶ側が自身と「困難な過去」との接点を見出せるような工夫が求められる。

　前出の矢田は，もともと関心がなかった公害問題に興味を持つようになり，漫画作品の制作にまで至った。これは，時間軸・空間軸において「困難な過去」と自分自身の接点を見出したからであろう。

　矢田は作品制作において，読者の感情を揺さぶるようなエンターテイメント性を持たせることや，具体的な事実よりも，テーマを抽象化し読者自身との接点をつくる余地を広げることを重視したという（矢田，2016c：94-95）。読者にも自分と同じく，公害との接点をつくってもらえるよう努めているのであろう。

　「困難な過去」に対して学習者が自分自身との接点を見出すには，後述のように適切なストーリー構築が必要である。矢田の場合，資料をよく読み関係者との対話を重ねて制作しているので，作品が当事者の経験から乖離するのを防ぐことができている。しかし一般に，ストーリー構築やエンターテイメント性といった要素が出てくると，歴史的事実の「演出」や学ぶ側の「消費的態度」という問題も生じてくる恐れがある（菅，2019：48-51）。

　他方で，そうしたゆがみを排しながら，公害学習への関心を高めることができれば，ツーリズムなどと結びついて地域経済効果を生み出す可能性もある。公害の歴史も地域の歴史の一部であり，「地域の価値」を構成する。これをどう地域発展に結びつけるかが課題である。

4　水俣「もやい直し」は何をめざしたのか

4-1　「闘争」から「表現運動」へ

　公害という「困難な過去」と向き合い，「地域の価値」をつくろうとした取り組み事例として，水俣市における「もやい直し」を取り上げたい。その際の基本的視点

を得るために，水俣病センター相思社創立 30 周年の座談会記録を参照する（水俣病
センター相思社, 2004：7-151）。

　座談会で確認されたことの一つは，おおむね 1980 年代末に水俣病「闘争」の時
代は終焉を迎え，新たなフェーズ（参加者の緒方正人の言葉でいえば「第二幕」）に
入ったという点だ。「闘争」の時代のピークは 1969 〜 78 年頃にあたる。1969 年に
水俣病第 1 次訴訟が提起され，1973 年に原告が勝訴して補償協定を実現する。しか
し，認定患者と補償額の増大に直面した政府は，1978 年までに患者の「切り捨て」
（認定基準の厳格化）とチッソ金融支援の体制を整える。

　座談会の参加者たちは，1978 年以降の被害者運動が，政府のつくりあげた制度的
な枠組みに押し込められ，失速していったとみる。裁判運動も例外ではなく，チッ
ソや政府から妥協を引き出していく戦略が中心になったと評価される。

　こうして 1980 年代末に「闘争」は終わりを迎え，「表現運動」の時代へと移って
いく。この点について座談会の内容を筆者なりにまとめると次のようになる [1]。

　「闘争」の時代における解釈枠組みは加害 - 被害関係であり，それに基づいて事件
史を裁断していくのが中心的な作業であった。しかし，この把握の仕方は非常に狭
いもので，水俣病事件の全体を捉えることはできない。加害 - 被害関係の視点は被
害者救済には不可欠だが，今後，患者が亡くなり当事者がいなくなったとき，そこ
から引き出せる事件史の教訓はきわめて乏しい。そのような時代的制約を持つ地平
から離れ，より「大きなメッセージ」を汲み取って表現することが求められている
のだ，と。この認識は，水俣病事件の意味づけを積極的価値に反転させていくとい
う本章の議論に合致する。

4-2　水俣病事件をめぐる価値の転換

　1990 年代に入ると水俣市は「もやい直し」へと進んでいく。これは水俣病国賠訴
訟に解決の兆しがみえてきた時期でもある。

　水俣市は加害企業チッソの「城下町」である。水俣病患者は生命や健康を侵害さ
れたことへの償いとして，裁判などを通じチッソに補償・救済を求めたが，多くの

1）なお，座談会が行われたあとの 2004 年 10 月，水俣病関西訴訟で最高裁が国と熊本県の
　　責任を認める判決を出したため，認定申請者の急増や新たな裁判闘争など，運動の再高
　　揚と情勢の流動化がみられた。座談会の参加者は必ずしもこうした見通しを持ってい
　　なかったが，「表現運動」の焦点化という指摘は大枠として有効であろう。

市民は企業が衰退して生活が脅かされることを懸念したため，深刻な対立が生まれた。「もやい直し」はこの分断を修復する試みであった。

　1994年に「もやい直し」という表現を初めて公式に用いた吉井正澄・水俣市長（当時）は，多くの市民が水俣病問題を避けて通ろうとしていたなかで，あえてそれを前面に押し出した。水俣という地域が持つ「個性」，他に代えがたい「地域の価値」として水俣病を捉え，それを地域づくりの核に据えようとしたのである（吉井，2016：74）。これは「困難な過去」を積極的価値へと反転させようとすることであり，上記座談会で「大きなメッセージ」と述べられたことと大きく重なり合う。

　もちろん，首長が「もやい直し」を提唱したからといって，市民がただちに水俣病事件の意義を共有するという状況にはならない。そもそも水俣病を避けて通りたいという市民が少なくないのである。したがって，水俣病事件の積極的価値・意義とは何か，それをどう解釈し共有していくかが「表現運動」の時代（第二幕）の争点として浮上する。

　そうした実践の具体例として，学校での「公害の教訓」の教えられ方を挙げることができる。花田昌宣は，授業例にみられる「新たなステレオタイプ」への「いらだち」を次のように表明した。

　　　まず，はじめに，水俣病の発生原因と経過を理解させる。水俣病はどのようにして起きたかを，チッソの廃水，食物連鎖，場合によっては見舞金契約などの教材を用いながら理解させる。次いでそれを，患者の話，つまり患者の苦しみへの共感的理解と患者の闘いに学ぶことへと展開する。ここでは映像や写真，あるいは聞き書きの記録などが使われる。その上で，水俣病を繰り返さないためにどうしたらいいかへと授業が展開される。そこでは環境モデル都市水俣の取り組みや「もやいなおし」の経験をまなび，環境保全学習の大事さを学ぶ。おおよそ，このようなストーリー（「過去と現在と未来を語る人権教育…」）として組み立てられるのである。理解されやすいシェーマではあるが，私のいらだちは，そのことが，いかに水俣病の事件史とその現在とが乖離しているのかという点にある。（花田，2017：221–222）

　こう述べたうえで，花田は「水俣病の負の経験を将来に活かすことが，ごみ21分別に始まる環境モデル都市づくりなのか」と問うている。つまり，「困難な過去」に向き合い価値転換を図ることを回避したまま，「公害」から「環境」へと焦点をスラ

イドしただけではないのか。

　同様の問題点は，水俣市の「みなまた環境まちづくり研究会」が 2011 年 3 月に発表した報告書にも見られる。そこでは，「エネルギー・産業」「教育・研究機関」「生活・観光」の 3 分野に分けて，現状分析，課題，プロジェクト案，当面の取り組みがそれぞれ記されている。しかし，例えば「生活・観光」分野では，「水俣病の経験と教訓」が出発点に位置づけられているものの，結果的に「環境」「コミュニケーション」一般へと解消され，位置づけが不明瞭になっている。そのことは 3 分野を総合した「当面の取り組み」に関しても指摘しうる。たしかに，報告書には地域経済の分析など有意義な内容も多い。しかし，水俣病が環境問題一般へ，「もやい直し」がコミュニケーション一般へと解消されていけば，施策から地域の個性は失われる。例えば「低炭素」「自然エネルギー」というだけでは，全国あるいは地球規模の共通課題になってしまう（除本, 2016：154-157）。

　水俣市には，水俣病について学ぶために多くの人たちがやってくる。その際，地元サイドが水俣病事件の積極的価値・意義をどう理解し，発信するかが重要な意味を持つ。にもかかわらず，これを「環境」一般に解消してしまっては，吉井が模索した水俣の「個性」「地域の価値」は失われてしまうのではないか。

4-3 「困難な過去」とどう向き合うか

　したがって，「もやい直し」の出発点に立ち返り，「困難な過去」と正面から向き合うことが求められる。そして，それは「闘争」の時代とは異なるやり方でなされなくてはならない。

　第一に「被害」とどう向き合うか。上記座談会が示唆するのは次のことである。『苦海浄土』（石牟礼, 1969）で描かれたように，水俣病の被害は，人間と自然が一体となった民衆の暮らし，自然のなかで生かされてきた人びと，そうしたかけがえのない「個」のトータルな破壊であり，金銭による賠償では到底償えないものである。そうした被害の一つひとつに光があてられるべきだ。

　第 5 章で取り上げる福島の被害回復と復興の道筋を考えるうえでも，水俣は参照すべき前例である（井出, 2012：28）。水俣でも福島でも地域内で深刻な分断が起きているが，水俣ではその修復に取り組んできた長い経験の蓄積がある。行政や住民など，人びとの記憶として散在するそれらの経験を記録し，集成し，発信していくことは，「復興知」（復興と地域再生に関する知見）の創造であり，新たな価値をつくりだす取り組みである。

　その一環として，上記座談会で富樫貞夫が提起したように，水俣病患者一人ひとりの，被害からの「再生の物語」を紡ぎ出していくことが求められている（水俣病センター相思社，2004：142）。これは，多くの人が水俣病事件という「困難な過去」との接点を見出すためにも必要な作業である。

　第二に，「加害」と向き合うことも不可欠である。この点では，2016年12月に水俣市で開催された公害資料館連携フォーラム「学校」分科会の議論が参考になる。

　同分科会では，地元の小学校教員が，自身は被害者の立場に明確に立ちながらも，多くの生徒がチッソ従業員の子弟という状況で，どう公害を教えるかについて語った。その教員は，自分の父親もチッソで働いていたことを明らかにしている。

　チッソについては，公害を出した時代の幹部と今の従業員は違うということを明確にし，企業には「①社会に役立つもの（製品）を造る責任」「②家族を養うためのお金（生活費）を稼ぐ責任」「③世界の注目の中，環境に優しい生産活動のモデルとなる責任」「④利益の一部を水俣病補償にあてる責任」があるのだから，そこに誇りを持たせるようにするのだという（公害資料館ネットワーク，2017：70-75）。

　ここから読み取れるのは，加害企業チッソに対する意味づけの転換である。チッソを糾弾するのでも免罪するのでもなく，社会に対する責任を果たさせる方向へと，企業の意味づけを転換しているのである。かつてチッソの責任を追及した患者・緒方正人が「チッソは私であった」と述べて内省に向かったことが大きなインパクトを持ったのも，こうした価値転換があったためだろう（緒方，2001）。

5　「地域の価値」をつくる：「みずしま地域カフェ」の取り組みから

5-1　パブリック・ヒストリー実践としての「みずしま地域カフェ」

　最後に筆者が関わる実践例として，「地域の価値」をつくることを軸に，岡山県倉敷市水島地区で公害地域再生をめざす取り組みを紹介する（除本・林，2022）。

　岡山県は戦後，重化学工業の誘致による拠点開発を推進し，1964年に倉敷市を含む県南地区が新産業都市に指定された。それに伴い，漁業被害や農業被害が問題となり，さらに呼吸器疾患の患者が多発するようになった。

　水島地区は1975年に公害健康被害補償法の指定地域となった。しかし，その頃から環境政策の後退があらわれてきた。倉敷市の公害被害者たちはそれに抗し，公害の責任を明らかにするため，1983年にコンビナート企業8社を提訴し，1994年に原告勝訴の地裁判決を得た。公害訴訟は1996年に和解を迎え，その際の解決金の

一部を基金として，2000 年に水島地域環境再生財団（略称：みずしま財団）が設立された。

みずしま財団は 2021 年度から，公害資料館をつくる活動の一環として，地球環境基金の助成を受け「みずしま地域カフェ」の取り組みをスタートさせた。これは，住民や外部専門家などが集まって地域の歴史について学び，それを踏まえて将来のまちづくりの方向性などを語り合う場である。みずしま財団が 20 年以上かけて築きあげてきた地元での信頼や住民との関係性があってこそ，この開催が可能になっている。

「みずしま地域カフェ」は，2022 年 10 月までに 7 回開催された（表 2-1）。事務局を務めるみずしま財団のスタッフが各回のトピックを選定し，事前の調査や関係者との調整を行ったうえで，10 名弱の参加者による聞き取りと，現地見学などを実施する。所要時間は各回 3 〜 4 時間程度である。参加者の顔ぶれは必ずしも固定して

表 2-1 「みずしま地域カフェ」の開催概要（2022 年 10 月時点，出所：筆者作成）

	開催日および会場	概　要
第 1 回	2021 年 8 月 23 日，ニューリンデン（喫茶店）	郷土史家であった喫茶店の初代経営者の活動などについて，ご子息の現経営者から話を聞いた。また，初代経営者の遺した収集資料を見せていただき，その保存や活用などについても話し合った。
第 2 回	2021 年 10 月 26 日，岡山朝鮮初中級学校	水島が岡山県内最大の在日コリアン居住地域であったことを踏まえ，水島にある県内唯一の朝鮮学校を訪問して，校長先生から話を聞いた。また，校内の見学も実施した。
第 3 回	2021 年 10 月 28 日，常盤町集会所（水島臨海鉄道高架下）	水島が工業地帯として発展する基盤となった水島臨海鉄道の歴史について，OB と現役社員から話を聞いた。また，貨物ターミナルの見学も実施した。
第 4 回	2022 年 5 月 28 日，みんなのお家「ハルハウス」	水島で子ども食堂を運営する井上正貴さんや支援者の方々から，活動拠点である「ハルハウス」で話を聞いた。また，一緒に昼食をとりながら交流も行った。
第 5 回	2022 年 7 月 19 日，MPM Lab.（社長インタビューと現地見学は 8 月 10 日）	水島地区でもっとも歴史の長い企業の 1 つである水島ガスの OB と現役社員から話を聞いた。また後日，本社において社長インタビューを実施するとともに，球形ガスホルダー（ガスタンク）や太陽光パネルなどの見学も行った。
第 6 回	2022 年 8 月 10 日，ライフパーク倉敷	1884（明治 17）年の大水害に関する講演会を行ったあと，犠牲者が埋葬されている「千人塚」にも足を運んだ（倉敷市福田公民館人権教育講演会と合同開催）。
第 7 回	2022 年 10 月 11 日，萩原工業本社	水島に立地し，ブルーシート国内シェア 1 位の化学繊維製品メーカーである萩原工業の会長から，同社の歴史や今後の展望について話を聞くとともに，工場の見学を行った。

図 2-1 『水島メモリーズ』（2022 年 7 月までの発行分，出所：みずしま財団提供）

いないが，まちづくりに関心を持つ人，地元企業の現役社員や OB，大学に所属する研究者，地元紙記者などである（2022 年度からは公民館との合同開催など，開催の形態や参加者の顔ぶれに変化がある）。

　各回で得られた情報をもとに，みずしま財団が中心となって，それぞれ 1 冊の小冊子を作成する。これは『水島メモリーズ』と題され，豊富な写真とともに，各回の背景となっている地域の歴史に関する解説，当日聞いた話のポイント，今後のまちづくりへの思いなどがコンパクトにまとめられている（A5 判，カラー印刷，16頁）。掲載写真には往時の風景なども含まれ，倉敷市歴史資料整備室の所蔵資料や，地元の写真家から提供された作品が活用されている（図 2-1）。筆者は「みずしま地域カフェ」に参加するとともに，『水島メモリーズ』の本文作成にも関わっている。

　「みずしま地域カフェ」が郷土史愛好会などと異なるのは，水島の「地域の価値」をつくっていくことをめざしている点にある。そして，パブリック・ヒストリーの実践という観点から，次の 3 点を意識的に追求している。

　第一は，「記憶の解凍」を促すことである。つまり前述のように，地域の歴史を軸としつつ，様々な人を結びつけ，コミュニケーションを活性化させようと努めているのだ。

　「みずしま地域カフェ」に参加した人たちの反応を見ると，地域の歴史を知ることの楽しさを感じている様子がわかる。住民が自身のルーツを知ることにつながったり，時代とともに地域が変わってきた躍動感に触れたりする機会になるからだ。ただ，そうした楽しさが，参加者の内部にとどまってしまっては意義が半減してしま

う。そこで，みずしま財団は『水島メモリーズ』の作成と配布などを通じて，得られた情報を積極的に発信し，多くの人びとと共有するよう努めている。

　『水島メモリーズ』は地元紙などでも取り上げられ，好評を得ている。「みずしま地域カフェ」に参加した地元紙記者が，『水島メモリーズ』にも言及しつつ，みずしま財団の活動について1面で記事にし（『山陽新聞』2021年12月6日付），それがさらにSNSで拡散されるという循環も生まれつつある。

　『水島メモリーズ』は各回5000〜6000部が印刷され，倉敷市内の観光スポットや公民館などに設置（無料配布）されている。また，みずしま財団スタッフがイベントに参加した際に配布するなどして，多くの目に触れるように努めている。手にした人からは，水島と自分自身との関わり（かつて訪れた記憶，出身地としての水島の記憶など）が語られる場面も見られた。

　また，「みずしま地域カフェ」でお話を聞いた本人からも，『水島メモリーズ』の作成過程でより多くの語りが引き出されるということがあった。筆者らが，草稿の内容確認を依頼したところ，「みずしま地域カフェ」の当日は話題にのぼらなかった様々な記憶が語られ，同席していた他の住民とも，かつての水島の姿について対話が広がったのである。

　写真1枚をとっても，当時の体験を持つ人でなければわからないことが多く，それが後の世代に受け渡されるには，こうした対話の機会を創出することが不可欠である。『水島メモリーズ』が「記憶の解凍」を少しずつ促しているということができる。

　『水島メモリーズ』が発行を重ねるにつれ，地元住民が訪問客に水島地域について説明する際の資料としても，活用されるようになってきている。筆者が接した場面では，説明にあたった住民が自分史を語る際，公害に関する話題が自然な形で織り込まれていた。

5-2　ストーリーを構築し，主体的参加を促す

　第二は，歴史を過去の事実としてのみ捉えるのではなく，将来に向けて引き継ぐべきストーリー（物語）として構成していることだ。科学技術社会論を専門とする八木絵香は，事故や災害の記憶を継承する際に，単なる事実の伝達よりも，解釈を加えた「物語」の方が有効であることを示唆している（八木，2021：165-167）。ここで「有効」というのは，被害を繰り返さないという目的に対する手段としての有効性である。この意味でのストーリー構築とは，何らかの目的（共通善）のための

手段という観点から，過去を再構成する営みだといえる[2]。

　「みずしま地域カフェ」においても，まちづくりの目標となる積極的な価値を，地域の歴史のなかから再構成することをめざしている。もちろん「みずしま地域カフェ」に参加したごくわずかな人間だけで，地域の目標を勝手に考えるわけではない。結論を急ぐのではなく，人びとの間のコミュニケーションを活性化していくことを重視している。

　前述のように，「地域の価値」とは，歴史，文化，コミュニティ，景観・まちなみ，自然環境などの「地域固有」とされる要素を踏まえつつ，集合的に構築された地域の「差異」「意味」（地域の面白さ，特質，地域がめざしている価値など）であり，広義にはその社会的構築と共同生産のプロセスであった。「みずしま地域カフェ」もこのプロセスの一環であり，特に歴史的側面に着目しつつ，水島地域の面白さや，地域のめざすべき将来像を模索しようとしている。

　このプロセスに，様々な人びとが主体的に参加するためには，自分自身をそこに結びつけるためのストーリーが必要である。ストーリー構築の意義は，それに触れた者がストーリーのなかに入り込み，自分の問題として捉えることを可能にする点にある（八木，2021：166）。本章の文脈に置き換えれば，ストーリー構築は，地域の歴史や将来像を「自分ごと」として捉えることを助ける働きがあるのだといえる。この働きによって，水島という空間，そして過去・現在・未来という時間軸が明確になり，そのなかに自分の立ち位置や役割を見出すことができる。これは前出の矢田が，公害を追体験する学習を通じて，自らの住む空間と，過去から未来への時間軸を強く意識する経験を得たことと似ている。『水島メモリーズ』はそうしたストーリーの提供をめざしている。

5-3　「困難な過去」と向き合い，地域の将来像を展望する

　第三は，「困難な過去」と向き合い，それを価値に反転させることで，地域の活性化やまちづくりにつなげていくことだ。「みずしま地域カフェ」の第1回では，1884年に当時の水島を襲った高潮による大水害や，アジア・太平洋戦争による被災の資料に触れた。この戦争と水島との関係が，第2回・第3回のテーマの根底にある。東高梁川の廃川地に水島の市街地が形成されたのは，戦争中に，軍用機を製造する

2）　もちろんその場合，前提となる目的の妥当性，被害当事者への十分な配慮や合意形成など，倫理的要件を明確にし，それを遵守する必要があろう。

三菱重工業水島航空機製作所が誘致されたことがきっかけである。その建設のため
に，日本が植民地として支配していた朝鮮半島から労働者が集められた。現在の水
島臨海鉄道は，同製作所の専用鉄道であり，戦後のコンビナート開発の基盤にも
なった。こうした背景から，水島は県内で在日コリアンがもっとも多かった地域で
あり，県内唯一の朝鮮学校も所在する。

　このような歴史の延長線上に，水島の公害がある。訴訟は和解解決したとはいえ，
公害という言葉に対する反応は，現在も立場により様々である。その温度差は過去
に対する解釈の違いによるのだから，「困難な過去」を避けて通るのではなく，公害
経験の継承に正面から取り組むことが，協働のきっかけになる。ただし，その際に
多視点性が重要であり，多様な立場からの解釈を包み込みながら，公害経験の継承
を進めることが求められる。

　公害の被害は，前述のように，人権や環境保全の大切さを，その侵害と破壊の歴
史によって逆説的に示している。では現在，水島地域がめざすべき目標は何か。や
はり 2050 年カーボンニュートラル（排出実質ゼロ）の実現が不可欠である。公害
訴訟の和解後に掲げられたコンビナートとの「共生」（水島まちづくり実行委員会，
1998）という課題も，今や脱炭素を抜きにして実現することはできない。コンビ
ナートが公害の加害源から脱炭素と環境再生の拠点へと価値転換することによって，
加害‐被害関係の対立構造から抜け出すことが可能になるであろう。

　また，在日コリアンが多いという歴史的背景を踏まえれば，水島においてこそ，
「地域における多文化共生」が推進されなくてはならない。これは「国籍や民族な
どの異なる人々が，互いの文化的ちがいを認め合い，対等な関係を築こうとしなが
ら，地域社会の構成員として共に生きていくこと」と定義される（総務省，2006：
5）。理念はよいが，日本社会におけるマイノリティへの差別や無関心を放置したま
ま，これを唱えても意味がない。この理念を実現するために，足もとの地域で具体
的な取り組みに着手することが求められる。

　脱炭素や多文化共生に真剣に取り組むには，地域の「困難な過去」を知ることが
必要である。そのことによって，これらの普遍的課題は，地域固有の歴史を踏まえ
たものとなり，自らが取り組むべき問題（「自分ごと」）として理解しうるはずだ。

5-4　公害資料館の意義と役割

「困難な過去」を展示するミュージアムの意義の一つは，このように社会を変革
していくための学習・教育の場となるという点にある（Rose, 2016）。みずしま財団

が公害資料館づくりをめざしているのも，「困難な過去」を積極的な価値と結びつけ，まちづくりを進めようとしているからである。

　地域がめざすべき価値は，抽象的にみれば脱炭素のように世界共通の目標であったりする。しかし「困難な過去」を知ることで，私たちはそれらの課題を，地域固有の歴史の延長線上に位置づけることが可能となる。さらに，普遍的課題を「自分ごと」とし，自ら取り組むべき課題として捉えていくためには，適切なストーリー構築が必要とされる。これらを通じて，地域の歴史を「フロー」化し，コミュニケーションを活性化していくことが求められる。

　こうした一連のプロセスが，公害の歴史を踏まえた環境学習を構成するのであり，ツーリズムの対象ともなる。みずしま財団のめざす資料館は，このプロセスを促進する媒介者の役割を果たすであろう。2022年10月，その第一歩として，公害患者会の交流スペースを改装し，暫定的なミニ資料館「みずしま資料交流館」（愛称：あさがおギャラリー）が開設された。ここから水島の新たな動きが始まることを期待したい。

【引用・参考文献】

石牟礼道子（1969）.『苦海浄土――わが水俣病』講談社.

井出　明（2012）.「東日本大震災後における東北地域の振興と観光について――イノベーションとダークツーリズムを手がかりに」『運輸と経済』*72*(1): 24–33.

井出　明（2018）.『ダークツーリズム――悲しみの記憶を巡る旅』幻冬舎.

遠藤邦夫（2021）.『水俣病事件を旅する――MEMORIES OF AN ACTIVIST』国書刊行会.

緒方正人（2001）.『チッソは私であった』葦書房.

公害資料館ネットワーク（2017）.『第4回公害資料館連携フォーラムin 水俣 報告書――あらたな道を歩もう公害資料館の「わ」』

清水万由子（2017）.「公害経験の継承における課題と可能性」『大原社会問題研究所雑誌』*709*: 32–43.

清水万由子（2021）.「公害経験継承の課題――多様な解釈を包むコミュニティとしての公害資料館」『環境と公害』*50*(3): 2–8.

菅　豊（2019）.「パブリック・ヒストリーとはなにか？」菅　豊・北條勝貴［編］『パブリック・ヒストリー入門――開かれた歴史学への挑戦』勉誠出版, pp.3–68.

総務省（2006）.『多文化共生の推進に関する研究会報告書――地域における多文化共生の推進に向けて』

竹沢尚一郎［編］（2015）.『ミュージアムと負の記憶――戦争・公害・疾病・災害：人類の負の記憶をどう展示するか』東信堂.

直野章子（2015）.『原爆体験と戦後日本――記憶の形成と継承』岩波書店.

庭田杏珠・渡邉英徳（2020）.『AIとカラー化した写真でよみがえる戦前・戦争』光文社.

花田昌宣（2017）.「被害の現場に身を置くということ――水俣学の構築の経験から」花田昌宣・久保田好生［編］『いま何が問われているか――水俣病の歴史と現在』くんぷる, pp.217–234.

第1部
第2部
第3部

濱田武士（2013）．「戦争遺産の保存――原爆ドームを事例として」『関西学院大学社会学部紀要』 *116*: 101-113.

松浦雄介（2018）．「負の遺産を記憶することの（不）可能性――三池炭鉱をめぐる集合的な表象と実践」『フォーラム現代社会学』*17*: 149-163.

松尾浩一郎（2017）．「平和都市の形成と変容――被爆都市広島の復興過程とシンボルの役割」『法学研究』*90*(1): 407-429.

水島まちづくり実行委員会［編］（1998）．『「環境を保全し，コンビナートと共生する水島のまちづくり」シンポジウムの記録』（パートナーシップによるコンビナート地域環境改善報告書 No.1）

水俣病センター相思社［編］（2004）．『今 水俣がよびかける――水俣病センター相思社30周年記念座談会の記録』

宮本憲一（2014）．『戦後日本公害史論』岩波書店.

八木絵香（2021）．「加害と被害のあいだ――対話の可能性と記憶の共創」標葉隆馬［編］『災禍をめぐる「記憶」と「語り」』ナカニシヤ出版, pp.153-187.

矢田恵梨子（2016a）．「四日市公害マンガ ソラノイト――少女をおそった灰色の空」池田理知子・伊藤三男［編］『空の青さはひとつだけ――マンガがつなぐ四日市公害』くんぷる, pp.7-60.

矢田恵梨子（2016b）．「四日市公害と私をつなぐもの」池田理知子・伊藤三男［編］『空の青さはひとつだけ――マンガがつなぐ四日市公害』くんぷる, pp.77-84.

矢田恵梨子（2016c）．「若い世代に伝えたい四日市公害」池田理知子・伊藤三男［編］『空の青さはひとつだけ――マンガがつなぐ四日市公害』くんぷる, pp.93-96.

山本泰三［編］（2016）．『認知資本主義――21世紀のポリティカル・エコノミー』ナカニシヤ出版.

除本理史［2016］．『公害から福島を考える――地域の再生をめざして』岩波書店.

除本理史（2020）．「現代資本主義と「地域の価値」――水俣の地域再生を事例として」『地域経済学研究』*38*: 1-16.

除本理史・林 美帆［編］（2022）．『「地域の価値」をつくる――倉敷・水島の公害から環境再生へ』東信堂.

吉井正澄（2016）．「水俣病発見から60年――回顧と展望」『水俣学研究』*7*: 35-86.

渡邉英徳（2019）．「「記憶の解凍」――資料の"フロー"化とコミュニケーションの創発による記憶の継承」菅 豊・北條勝貴［編］『パブリック・ヒストリー入門――開かれた歴史学への挑戦』勉誠出版, pp.388-412.

Cauvin, T. (2016). *Public History: A Textbook of Practice*, New York: Routledge.

Gardner, J. B., & Hamilton, P. (2017). "The Past and Future of Public History: Developments and Challenges", in Gardner, J. B., & Hamilton, P., (eds.) *The Oxford Handbook of Public History*, New York: Oxford University Press, pp.1-22.

Rose, J. (2016). *Interpreting Difficult History at Museums and Historic Sites*, Lanham: Rowman & Littlefield.

第2部

フォーラムとしての
公害資料館

第3章
公害資料館ネットワークは何をめざしているか

多視点性がひらく「学び」と協働

林　美帆

1　公害経験の継承をめぐる多視点性と協働

　公害資料館ネットワークは 2013 年に結成された。ここでいう公害資料館とは，公害地域で，公害の経験を伝えようとしている施設や団体のことを指している。公害資料館は，展示機能・アーカイブズ機能・研修受け入れ（フィールドミュージアム）の 3 分野のいずれかの機能を担っており，必ずしもハードとしての建物の有無は問わない。また，運営主体についても国・地方自治体・学校・NPO などがあり，公立／民間など運営形態も様々である。したがって，各公害資料館の間には立場による運営方針や主張の違いがあってもよいと考えている[1]。

　公害資料館ネットワークは，「公害の経験を伝える」ことが共通項であるが，立場も地域も事象も違うために，伝えたい内容に差異があり，伝える方法も異なった多様な人びとが集まっている。公害資料館ネットワークは，これまでほぼ毎年[2] 公害資料館連携フォーラム（以下，連携フォーラム）を開催してきた。

　1960 年代の激甚期から数えても数十年が経過した現在において，公害は体感しにくくなっている。このようななかで，公害資料館ネットワークを通して，公害の経験を伝えることに関心を持つ様々な人びとが集まり，それぞれの意見を述べて，互いに協力できる可能性を論じ合っている。公害の学びは公害問題の激甚化とともに発展してきたが，公害がみえにくくなってくるのに伴い，社会のなかで公害を学ぶ

---

1) 第 2 回連携フォーラムでの宣言文「公害資料館連携とは」に記載（公害資料館ネットワーク，2015：4-5）。
2) 2013 年〜 2019 年までは公害資料館連携フォーラムを毎年開催してきた。2020 年は新型コロナウイルスの蔓延のために，フォーラムは翌年に延期され，代わってプレイベントを開催した。2022 年以降も，2 か年度をかけてプレイベントとフォーラムを開催する予定である。

意義が見失われつつあった。公害資料館ネットワークにおいて公害の経験をどのように伝えるかを議論する場がつくられたことは，現代において，再度公害から社会を見つめることの意義を明らかにする取り組みといえる。公害はそもそも，地域の中で語り継ぎたいと満場一致でのぞまれている事柄ではない。被害の辛い記憶を思い出したくない人もいれば，公害問題は解決したとして語り継ぐ必要性を感じていない人も多い。そのようななかで，公害資料館ネットワークでは，なぜ公害を学ぶ必要があるのかを考えているのである。

　公害資料館ネットワークは，様々な人びとや団体の間で関係性をつくりあげようとしている。その理由は何であろうか。そこには，持続可能な開発のための教育（Education for Sustainable Development：ESD）の文脈と公害経験の継承が重なったことが大きく影響している。ESD の文脈は，公害反対運動の主張として公害経験を伝える活動からの変化を生んだ。本章では，ESD がもたらした変化について述べ，公害学習が「多視点性」（multiperspectivity）を獲得していった経緯を明らかにしていく [3]。具体的には大阪・西淀川での ESD の取り組みから，公害資料館ネットワークにつながっていく中で，公害の経験を伝える取り組みが多視点性を獲得し，協働の輪を広げていく過程について論じる。

2 公害資料館ネットワークの設立までの基盤づくり

2-1　DESD と多視点性

「持続可能な開発に関する世界首脳会議」（ヨハネスブルグサミット）で 2002 年に提唱された ESD は「持続可能な開発のための教育」と訳され，教育の面から持続可能な社会の実現をめざす取り組みである。その後，同年 12 月に 第 57 回国連総会本会議で採択された「国連持続可能な開発のための教育の 10 年」（UN Decade of Education for Sustainable Development：DESD）（2005 ～ 2014 年）という ESD 推進のためのキャンペーンが日本の公害学習に与えた影響は大きい。

---

3) これまで公害資料館ネットワークについては次に挙げる拙稿で述べてきた。①公害地域再生と多視点性について論じた林（2014），②公害資料館ネットワークを公害教育の側面から論じた林（2015），③公害資料館の設立主体別による主張の違いがあるために，公害による傷が生々しく協働が難しい現状がある中で，2015 年に公害資料館協働ビジョンを作るに至るまでの過程を明らかにした林（2017）。ただし，2015 年以降の動きについてはまとめられていない。

　DESD 国連実施計画には，DESD の目的として，「ESD のステークホルダー間の
ネットワーク，連携，交流，相互作用を促進する」ことが挙げられている（佐藤・
阿部, 2012：35）。この「ステークホルダー」を公害のステークホルダーと読み替え
ることで，公害地域の ESD は展開されていく。ESD は，多様な主体の参加とパー
トナーシップの概念を示している。そのため，フォーラムとしてのミュージアム[4]
で重要視される「多視点性」の可能性を開くことになった。

　ただし，ESD の概念が公害学習に影響を与えるには，いくつかの段階が必要で
あった。日本国内の DESD 政策の一つであった環境省「国連持続可能な開発のた
めの教育の 10 年促進事業」のモデル地域として，高度成長期に深刻な大気汚染被
害にみまわれ，大規模な公害訴訟が起こった地域である大阪・西淀川地域が採択さ
れた（2007 〜 2008 年度）。活動名は「持続可能な交通まちづくり市民会議」で，企
業から支払われた和解金の一部を基金として設立された財団法人公害地域再生セン
ター（以下，あおぞら財団）が事務局を務めた。「自転車」「地域資源活用」「地域
環境再生（菜の花プロジェクト）」「食と交通（フードマイレージ）」の四つのテー
マを軸にして，子どもを中心に地域の担い手を育成しながら様々な主体の連携を深
めるという企画で，最終的には大阪府立西淀川高等学校が中心となった「菜の花プ
ロジェクト」の実施を通して，地域の様々な主体が学び合うという形に落ち着いた
（林, 2014：88-89；公害地域再生センター, 2009：6）。

　ESD の概念が導入されたことで，地域の課題解決のために教育から何ができるか
を，協議会という場で共に考えることが可能となった。パートナーシップの実現で
ある。しかし，その地域の課題という部分に「公害経験を伝える」ことは組み込まれ
なかった。地域も事業局も共に公害と深い関係がありながら，地域の人びとが「公
害地域」であることを受け止めるのが困難であったために，「公害」を前面に打ち出
した円卓会議にはならなかったのである。とはいえ，「教育」という切り口であれば，
立場の違う人たちが話し合いのテーブルについてくれることが明らかになった。

　一方で，あおぞら財団は公害の経験を伝える拠点として 1996 年 12 月から開設し
ていた西淀川地域資料室を改称して，2006 年 3 月に「西淀川・公害と環境資料館」
を開館させた。オープン当初はアーカイブズの側面が強く，所蔵資料の展示と資料
閲覧機能しか有していなかった。西淀川公害をストーリー化して伝える展示パネル
も当初は用意されていなかったが，要望が多かったために 2008 年に常設展示パネ

---

4)「フォーラムとしてのミュージアム」については，吉田（2013）参照。

ルを作成することとなった。現場の教員からは，これまで運動の当事者が語ってき
た公害のストーリー[5]だけではなく，公害に関わる様々な立場の人びとの努力がわ
かるようなパネルにしてはどうかと提案があった（林, 2013：95）。そこで「公害 み
んなで力をあわせて——大阪・西淀川地域の記録と証言」[6]と題された展示が作成
された。「患者」の立場だけでなく，「西淀川住民」「国と自治体」「公害患者会」「学
校」「医者」「ジャーナリスト」「地元企業」「弁護士」「学者」の視点から西淀川公
害を見た，多視点性による展示であった。加害／被害だけでなく，様々な立場の努
力の尊重を展示パネルで示すこととなった。この展示作成は，様々なステークホル
ダーの視点による公害学習を志したという点で ESD の精神を体現していた。

　ただし，ESD モデル事業においては教育という切り口による円卓会議の可能性
を切り開いたにすぎず，展示パネルの視点は ESD に依拠するものではあったが，
作成過程は個人作業[7]となっていた。公害の経験を伝えることと ESD が結びつく
には，円卓会議，多視点性，協働が必要となってくる。この段階では，ESD モデル
事業に関しては，公害の経験を伝えることが課題の中心とならず，枕詞にしかなっ
ていなかった。協働は「菜の花プロジェクト」で実現できたとはいえ，公害経験を
伝えることは地域内のタブーであり，タブーを破ってまで議論することができな
かったのである。

2-2　公害地域の今を伝えるスタディツアー

　公害経験を伝えることを中心課題にして，ESD を実践したのは「公害地域の今を
伝えるスタディツアー」（以下，公害スタディツアー）[8]である。あおぞら財団は，
2009 ～ 2011 年度に地球環境基金を活用して公害スタディツアーを富山・新潟・大
阪で企画・実施した。公害を直接経験していないユース世代が様々な立場の人たち
の聞き手の中心となって，現地への提案を行うというフィールドスタディである。

5）例えば，公害地域再生センター（1999）など。
6）展示パネル「公害 みんなで力をあわせて——大阪・西淀川地域の記録と証言」はこちら
　　で公開されている。〈http://aozora.or.jp/nishiyodogawakougai/（最終確認日：2022 年
　　12 月 12 日）〉
7）展示パネル「公害 みんなで力をあわせて——大阪・西淀川地域の記録と証言」の内容は
　　林が執筆した。
8）http://www.studytour.jpn.org/（最終確認日：2022 年 12 月 12 日），詳しくは，林
　　（2016）を参照。この取り組みは「国連持続可能な開発のための教育の 10 年」関係省庁
　　連絡会議（2014）に優良事例として取り上げられている。

先述の展示パネルが展開した多視点による学びをフィールドワークで実施したのである。

　環境教育に関係する教員が，公害スタディツアーの実行委員となった。これまで，あおぞら財団は参加型学習の教材開発に注力し，教材作りのノウハウは積み上げてきていた。しかし，参加型学習，特にワークショップ実践を重視する方法は，教材とは異なる「今ここにあるできごと」を学び，対等な対話の場を作り出すことに注力することにつながった（西村，2021）。それゆえ，公害スタディツアーのヒアリング先として重視されたのは，裁判の被告となった企業や，新潟水俣病の政治解決を受け入れた側と受け入れなかった側など，様々な立場に立つ人びとであった。

　富山での公害スタディツアー実施に際しては，被害者団体であるイタイイタイ病対策協議会とも相談のうえ，原因企業である神岡鉱業株式会社を直接訪問して説得を試みた。躊躇する企業を「公害を知らない世代への学びのために」と説得したのである。

　立場や主張が違う人たちであっても「学び」からのアプローチであれば重い扉が開くということ，「学び」は加害者・被害者・ユースが対等な立場でお互いの話を聞き対話する「場」を作ることで実現するのだということを，関係者が体験し学習する機会となった。また，「学び」の視点は，公害反対運動で語られてきた主張とは違う，それぞれの物語を聞き出すこととなった（林，2021）。企業がどのように考え，被害者がどのように生きてきたか，行政の苦悩など，交渉の場面では見えなかったそれぞれの立場から見た公害が語られたのである。

　公害反対運動では語られなかったことが，双方向のやり取りのなかで明らかになっていった。公害反対運動の文脈で語られてきたストーリーは，運動の目的を達成するためにある。被害者は公害をなくすため，また権利回復のために訴えを行う。交渉の場で加害者とされる人たちが語ってきたことは，被害者の訴えへの回答である。双方ともに公害の経験を伝えたいという語りではない。

　公害の経験を学びたいという人びとからの問いかけに応じて行われる語りは，組織としての公式見解を述べるものではなく，それぞれの個人にとっての生き様の吐露につながっていった。それらの言葉に呼応するように参加者も学びを深めていく。単純な被害／加害で善悪の判断を下すのではなく，公害を自分のこととして学ぶ（原子，2021）。フォーラムとしてのミュージアムは「未知なるものに出会い，そこから議論が始まる場所という意味」があるが，このスタディツアーは公害の経験を巡って双方向のやり取りがあり，フォーラムとしてのミュージアムを実践するこ

ととなった。

　この語りはオープンな学習の場面で語られ，記録化されて，お互いが読むに至った。この営みは「多様な人びとが多元的価値を尊重すると共に，同じ立場で協働して民主的に歴史をめぐって交渉しあう」（菅，2019：8）というパブリック・ヒストリーの実践と言い換えることができる。参加型学習による双方向の学びのなかで作り上げることが可能になった，多視点性の歴史なのであった。ESD モデル事業とパネル作成では達成できなかった公害の「学び」に関する円卓会議と協働を，公害スタディツアーは達成することができたのである。

2-3　各地の公害資料の整理

　あおぞら財団は 2009 年度から，環境再生保全機構の「記録で見る大気汚染と裁判」ウェブサイト作成業務を受託し，大気汚染公害裁判があった四日市・千葉・西淀川・川崎・倉敷・尼崎・名古屋・東京の裁判の概要と資料所蔵先をインターネットで閲覧できるようにした。四日市・千葉・倉敷・東京については，資料を収集整理し，電子化して公開した。この際，西淀川公害関係の資料整理で培った経験が活かされた。公害反対運動をした人びとにとって，公害の経験を伝えることと資料の保存が結びつかない状況にあったが[9]，資料を共に整理するなかで，資料から学び，公害の経験を再度確認し，発信する活動の大切さが理解されるようになっていった[10]。

　資料整理は，行政の公害の経験を伝える担当者とも交流を広げ，様々な立場から公害を見るという姿勢への共感を引き出した。四日市の資料整理は，2011 年から 2014 年にわたって行われたが，その直後となる 2015 年に四日市公害と環境未来館が開館しており，資料整理時期が公害資料館づくりの動きと重なっていた。四日市公害と環境未来館では，「環境改善の取り組み」コーナーにて立場別に展示が作成され，様々な立場の人たちのヒアリングが映像記録として公開されるに至っている。

---

9) 四日市再生「公害市民塾」の伊藤三男ヒアリング（2020 年 8 月 14 日）。「四日市公害訴訟判決 20 周年記念の写真集を出したことで四日市公害は伝わると思っていたけれど，改めて資料整理をして資料を見ているうちに資料の大切さに気がついた」。
10) 水島地域環境再生財団による「公害と子どもたちの暮らし」展（2014 年）や，「青空のもとで生きる権利――千葉川鉄公害訴訟一審判決から 30 年」（立教大学社会学部創立 60 周年記念／共生社会研究センター共同開催，2018 年 7 月 14 日）にて，千葉川鉄公害裁判資料の展示，同裁判で弁護団事務局長を務めた高橋勲弁護士の講演，東京大気汚染裁判資料の資料整理を行った岩松真紀による大学の授業で資料を取り上げた事例の報告がなされた。

　公害スタディツアーと各地の公害資料整理によって，あおぞら財団は各地の公害の経験を伝える活動をしている団体や個人と信頼関係を築き，ESD に基づいた多視点による公害学習を広げることとなった。

3　公害資料館ネットワークの設立と活動

3-1　環境省協働取組事業としてのスタート

　2011 年に環境教育促進法が公布され，2013 年度からは協働取組事業[11] の公募が環境省によって行われている。この前年の 2012 年に富山県立イタイイタイ病資料館がオープンし，2013 年 2 月に四大公害の資料館のシンポジウムが開催された。そこに参加した新潟県立環境と人間のふれあい館の塚田眞弘館長（当時，故人）は，交流の継続を環境省に要望したが，環境省から協働取組事業の応募を提案されたのである。この事業は民間団体からの応募が条件だったことから，塚田館長からの要請に応じて，あおぞら財団が事務局となって申請を行い，公害資料館のネットワーク結成が協働取組事業の全国案件として採択されるに至った（塚田, 2017）。

　公害資料館ネットワークを作るということは，公害スタディツアーで行ってきた円卓会議を全国規模で行うことであった。しかし，公害資料館のネットワーク化は容易ではなかった。これまで，あおぞら財団が中心となって各団体と信頼関係を結んでいたとはいえ，全体としての信頼関係が築かれていたわけではない。例えば，メーリングリスト作成は「知らない人たちと情報共有することはできない」と拒否される状況にあった。まずは一つの場所に集まって仲間になり，関係性を線から面にする必要があった。

　公害スタディツアーで培った人間関係を中心として，公害資料館ネットワークの実行委員会を立ち上げ[12]，フォーラムを開催するためにはどうすればいいか議論したことから，各地の公害を伝える団体や人物へのヒアリングを行うこととなった。

11）正式名称は「地域活性化を担う環境保全活動の協働取組推進事業」（2014 年度から「地域活性化に向けた協働取組の加速化事業」）。全国・地方別に案件募集がなされ，全国案件は地球環境パートナーシッププラザ，地方案件は地方環境パートナーシップオフィスが支援事務局となって事業が進められた〈http://www.geoc.jp/partnership2013/（最終確認日：2022 年 12 月 12 日）〉。公害資料館ネットワークの取り組みは 2013, 2014, 2015 年度に全国案件として採択された。

12）実行委員は以下の 8 名。五十嵐実，板倉豊，小田康徳，清水万由子，髙木勲寛，高田研，塚田眞弘，西村仁志。事務局はあおぞら財団。

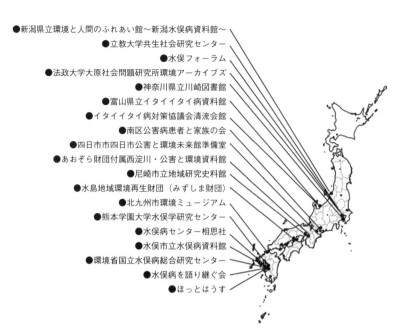

図3-1　2013年度公害資料館ヒアリング先（出所：著者作成）

ヒアリング項目は「資料の所有」「資料の収集」「資料の活用」「展示・解説活動（語り部・フィールドワークを含む）」「資料館の運営」「行政・企業・市民との連携」「資料館の成果」「この事業への期待」という8項目であった。

　19団体のヒアリングを行ったが，このヒアリング先は，公害を伝える資料館や組織だけに限定していない（図3-1）。公害に関するフィールドミュージアムとアーカイブズの活動をしている団体への声かけを意識的に行った。例えば，立教大学共生社会研究センターは千葉川鉄公害裁判資料や，研究者資料として宇井純資料を所蔵している。同センターにはヒアリングで「公害資料だけを持っているわけではなく，展示も行えていないので，「公害資料館」とはいえないかもしれない」と言われたが，「公害関係の資料を探して来館される方も多く，そうした利用者を，よりニーズに合致した資料を所蔵する館にご紹介するためにも，様々な公害関係資料が日本中のどこにあるのか，所蔵情報を共有して連携できれば素晴らしいことだと思う」[13]と，ネットワークの可能性を語る場面もあった。

---

13) 立教大学共生社会研究センターヒアリング（2013年10月16日）。

図3-2　公害資料館ネットワーク加盟組織（2022年3月，出所：公害資料館ネットワークパンフレット）

3-2　公害資料館ネットワークの設立

　2013年12月7日に公害資料館ネットワーク会議（以下，ネットワーク会議）を開催し，公害資料館ネットワークは結成された。当初は13団体の参加となったが，この団体と先述のヒアリング先とは一致しない[14]。構成団体には入れ替わりがあり，アーカイブズを中心とする法政大学大原社会問題研究所環境アーカイブズや立教大学共生社会研究センターも後に加わった。また2013年以降に開設した公害資料館もあり，2022年の時点では26団体が参加している（図3-2）。

　公害資料館ネットワークは年に1回の連携フォーラムを開催し，ネットワーク会議，基調講演，テーマ別分科会ののち，全体会で振り返りを行うというプログラムが第1回目の新潟で確立した。資料館の見学はオプションだったが，第2回の富山では，資料館見学とフィールドワークを実行委員が現地関係者に提案した。その際のエピソードだが，フィールドワークとはどういうものかが現地の関係者にうまく

14）2013年の結成時の構成団体は以下の通り。尼崎南部再生研究室，イタイイタイ病対策協議会清流会館，名古屋南部地域再生センター，あがのがわ環境学舎，水俣病センター相思社水俣病歴史考証館，あおぞら財団，水島地域環境再生財団，公害被害者総行動実行委員会，国立水俣病総合研究センター水俣病情報センター，富山県立イタイイタイ病資料館，新潟県立環境と人間のふれあい館〜新潟水俣病資料館〜，水俣市立水俣病資料館，四日市市環境保全課四日市公害と環境未来館準備室。

図3-3　フィールドワークで復元田の記念碑の前で説明をする高木勲寛氏
(2014年12月5日．出所：公害資料館ネットワーク提供)

伝わらず，カドミウムに汚染された農地に土壌入れ替えをした復元田を「ただの田んぼ」だとして，わざわざ見に来る意義を疑う声もあった。しかし実施してみると，現地関係者は参加者が食い入るように「ただの田んぼ」を見入って写真をとる姿を見て，「今ここ」の景観のなかに，積み重ねられた意味を読み取る参加者主体の学びの力をフィールドが引き出しうるということを理解した。展示や語り部，冊子などの言語化されたメッセージ，あるいは誰かの視点から語られるもの以外にも，公害を伝える方法があるのだという気づきである。これまで，被害者の経験を伝えることに注力していた公害資料館にとって，参加者の視点は驚きだったのだ。フォーラムとしてのミュージアムのやり取りの一つである。

　ネットワーク会議や分科会の運営は，ワークショップを取り入れて，参加者の対等な対話を実践してきた。円卓会議を実施してきたのである。この方法論によって，立場を超えた対等な「仲間」として話し合える土台が作られていった。イタイイタイ病裁判の被告となった元原因企業も，第2回連携フォーラムの「企業」分科会で発表者として参加した。これは，被害者が元原因企業との間に「緊張ある信頼関係」を築いてきたからこそ実現したのであり，イタイイタイ病の被害地が環境再生を成し遂げてきた経験を共有し，学び合うこととなった。

3-3　ネットワーク会議での共同作業

　これまで開催してきた連携フォーラムの成果は，各回の報告書にまとめられている。公立の公害資料館に関わる人たちは頻繁に異動があるが，報告書による情報共有と，共に作業をした体験が信頼を形作っていった。

　毎年のネットワーク会議で共同作業の経験が積み上げられていった。第1回
(2013年)のネットワーク会議は，集まった団体の自己紹介や公害資料館ネット
ワークの方向性についてワークショップにより議論を行った。

　第2回目(2014年)の連携フォーラム開催の前には，再度各地の団体を訪問し，
前回までの学びの振り返りなどを行うとともに，「公害資料館連携とは」の合意文を
作るためヒアリングを行った。この合意文は「目指すこと」として「①公害教育を
構築する」「②公害教育を普遍化する」「③公害資料館の課題を明らかにし，互いに
学びあう場を作る」「④協働していくための土台を作る」を掲げた。特に公害教育を
普遍化するということについて，次の一文が掲げられた。「公害は，その地特有の
条件があり，現地から学ぶことが重要視される。同時に，住民・行政・企業それぞ
れの役割について学ぶといった，公害の社会構造的な理解が求められている。公害
の社会構造的な学習が広まることで，公害教育が地域限定の学びにならず，公害を
予防する心得として公害の学びが広がる。公害教育を一般化することで，公害教育
を日本や世界各国に広げていく」(公害資料館ネットワーク，2015：4-5)。公害を学
ぶうえで多視点性が必要であることを掲げて合意文が作られていたのである。また，
第1回連携フォーラムで公害経験の当事者の高齢化が問題となっており，当事者に
頼らない方法での公害学習の模索が始まろうとしていた。この合意文は，富山の連
携フォーラムの最後に宣言文として読み上げられるに至った。

　第3回(2015年)の四日市でのネットワーク会議では，「公害資料館ネットワー
ク協働ビジョン」を作ることになったが，現地に行って個別のヒアリングをせずと
も，担当者間でメールなどのやりとりができる関係性になっていた。文案を事務局
で作成してメールなどで意見を募集し，ネットワーク会議にてワークショップ形式
で文章の細部まで検討を重ね，協働ビジョンを作成した[15]。協働ビジョンは「各地
で実践されてきた「公害を伝える」取り組みを公害資料館ネットワーク内で共有し
て，多様な主体と連携・協働しながら，共に二度と公害を起こさない未来を築く知
恵を全国，そして世界に発信する」という一文を合意文の中心に据え，公害資料館
として立場が違えども未来に向かって協働しようという姿勢を示すものとなった。

　この際に，「公害資料館ネットワークにおける今後の事業プラン」の議論もあわせ
てまとめられた。これらの事業プランの目的は大きく三つに分類できる。①他の公

---

15)　公害資料館ネットワーク協働ビジョン〈http://kougai.info/about/vision#c2-1 (最終確
　　認日：2022年12月12日)〉。

図3-4　模造紙を展示パネルに見立てて伝えたい情報を書き込んだワークショップ
（2017年12月16日．出所：公害資料館ネットワーク提供）

害を知りたい，交流したい，②公害を学ぶ価値を検討したい，③公害資料館の可能性を広げたい，売り出し方を考えたい，というものだった。そこで事務局は，①と②については連携フォーラムやフィールドワークなどで対応することとし，③の中で具体的に示されていた「共通展示」の作成を公害資料館ネットワークとして取り組むことを提案した。

　第4回（2016年）の水俣でのネットワーク会議で，共通展示作成のためのワークショップが行われた。「何を（メッセージ）」「だれに（ターゲット）」にポイントを絞ってグループで議論するなど進行を工夫したものの，個人と資料館の立場が錯綜してしまい，展示の具体案を作るには至らなかった。

　そこで，第5回（2017年）の大阪での会議の前に，組織ではなく個人としての意見を集約した。①自分が公害資料館を通じて伝えたいこと，②組織（資料館）として伝えたいこと，③地域として伝えたいこと，の3項目をワークシートに記入してもらい，それらを事務局で集計して「公害反対運動」「原因」「価値観」「社会背景」「二度と繰り返さない，対策・防止」「権利」「被害」というようにテーマを分けた。ネットワーク会議ではこれらのテーマに分かれ，模造紙を展示パネルに見立てて，伝えたい情報を絞って書き込むワークショップを行った（図3-4）。

　この議論をもとに，事務局が文字化とデザインを行い，メールで意見を交わしながらパネルを完成させ，「なぜ今公害から私たちは学ぶのでしょうか」と題した7枚の展示パネルとなった[16]。共通展示パネルには個別の公害の説明はなく，共通の「公害」を伝えるという視点が生まれた。例えば，公害の反対運動があって公害対策

が始まったこと，公害反対運動が市民の連帯を促し世論を動かしたこと，地域経済の発展の陰で公害被害を被った人たちの声が届かなかったことなど，どの公害地域でも共通した事例があることを展示パネルの作成過程のなかで確認していった。

この展示パネルは貸し出しが行われ，2018 年度は各資料館で巡回展を行った。その後も，イタイイタイ病資料館や協働取組の伴走支援を担当した地球環境パートナーシッププラザで毎年活用されている。2018 年度にパンフレット型に印刷されたこともあり，四日市公害と環境未来館では職員研修にも利用されている。

展示パネルの次の共同作業として，公害学習の入門書『公害スタディーズ──悶え，哀しみ，闘い，語りつぐ』を 2021 年 10 月に出版するに至った。この冊子は「出会う」と「向き合う」の 2 部構成となっている。第 1 部「出会う」は公害の解説である。「生きることの危機 様々な公害」（第 1 章）は 13 の事例や現在の課題，用語解説をコンパクトに紹介し，「語られた公害」（第 2 章）は患者，患者会，医師，支援者，行政，企業，農業者のそれぞれの立場からの語りを掲載した。この第 1 部は公害スタディツアーや公害資料館連携フォーラムや研究会で聞き取りしてきた内容が反映された形となった。

第 2 部「向き合う」は公害を学ぶ人のためのヒント集である。「公害を探究する学び」（第 3 章）では様々な学びのアプローチを紹介し，「公害と生きる」（第 4 章）では公害と共に生きる人たちが考えていることを紹介した。公害から何を学ぶことができるか，公害資料館ネットワークで議論をしてきた内容が紹介されることになった。

『公害スタディーズ』は執筆者が 50 人もいる。執筆者の属性も様々で，公害は一つひとつが複雑で，個別のケースを取っても全容を把握することが難しいために，執筆者が複数に渡っている。円卓会議と共同作業が実り，多視点による公害入門書が作られるに至った。多視点のなかにあっても，「公害」という共通点がみえるようになっているのである。

4　他分野との学びの共有

公害学習の近接領域の一つに平和学習が挙げられるだろう。アジア・太平洋戦争

16）展示パネルは公害資料館ネットワークによって貸し出しがおこなわれている。パネルの概要はこちらから閲覧できる。〈https://kougai.info/action/panel（最終確認日：2022 年 12 月 12 日）〉

の経験から展開されている日本の平和学習は，被害と加害の問題を踏まえて経験の継承を考えていることから，公害学習が公害の経験を踏まえて展開している部分と重なるところがある。

　原子爆弾の被害を受けた長崎県は，食品公害の一つであるカネミ油症の被害者が多い地域でもある。ただし，カネミ油症の問題と原爆に関する社会課題はこれまで同じ土俵で論じられることはなかった。公害資料館ネットワークとしては，これまで取り組んでこなかった食品公害について議論したいという思惑と，長崎で積み上げてきた平和学習の経験を学びたいという希望があった。そこで，2021 年の公害資料館連携フォーラムを長崎で開催することとなった。テーマを「環境と平和の重なりを考えよう」とし，公害と戦争の経験を伝えるなかで出会った事例をお互いに学習することで生まれる化学反応を期待した。「戦争は最大の環境破壊」と言われるように，公害反対運動や公害研究においては環境と平和の重なりが捉えられてきたが[17]，困難な過去の継承の場面においてはそのことがきちんと踏まえられてこなかった。原爆の被爆者の補償問題と公害患者の補償問題では「線引き」や「証明」という壁があること，二世の被害者（原爆被害者・カネミ油症被害者）がいること，資料保存の困難さなど，共通の問題点があることが，このフォーラムで驚きとして受け止められた。

　特に教育の分科会で行われた，公害と平和の共通点についての議論のなかで盛り上がったのが，「政治的な問題を教育で扱わない」ということであった。フォーラムのゲストで平和教育を推進してきた山川剛は，被爆体験を語ることが「核廃絶」を願っての行為であるにもかかわらず，政治的な話をしてはいけないと教育の管理職から求められるという矛盾を指摘する。「政治をなぜこれほど悪いものにするのか。平和の問題も，公害の問題も，政治との切り離しは絶対できない。これがもう基本です。絶対に若者から政治を遠ざけてはいけない」（公害資料館ネットワーク，2022：60）と述べて，政治の部分で公害と平和が重なることを明示した。

　公害資料館連携フォーラムで公害以外の社会課題を取り扱ったのは，この長崎の大会が初めてとなった。ESD は他分野を横断的に学ぶことも重視されているが，それらを実施したのである。学びを共有することで，共に学んだ人たちが仲間となり，勇気が湧いてくる。SDGs が求める社会変革は，このような教育を媒介として発生する「熱気」から起きるのではないだろうか。学びには力がある。公害のよう

17）例えば，除本・大島（2010：126）。

な社会課題を学ぶことは辛いことだと認識されることが多いが，この「熱気」を呼び覚ますような学びを作り出す挑戦をし続けることが，公害資料館ネットワークに求められているのだろう。

5　円卓会議と協働

　一般的に主義主張の違う人たちのパートナーシップは困難を極め，絵に描いた餅に終わることが多い。そのなかで，公害資料館ネットワークが実現したのは，このパートナーシップの中核に「学び」があったからである。共に学び体験して実践し，またその取り組みを学ぶという循環が生まれていく。円卓会議による対等な関係性があり，共同作業として双方向の学びで得たことを記録して共有することで，次につながっていく。

　公害資料館ネットワークは，先述したように様々な主張を持つ「公害の経験を伝える」施設や団体が集まっている。しかも，運営主体も規模も異なる様々な背景を持った団体の集合体である。それゆえに互いの価値観を尊重しなければネットワークは成立しない。その互いの価値観の尊重という部分に「学び」があり，共に創造していく協働があったのだ。

　差異を認めて，共通点を探すという作業が公害の経験を伝えることにおいて重要な意味を持ってきた。これらの作業が行われることで，成果がみんなのものになるのだ。

　「公害を知らない」人が多数になっている現在，公害資料館の存在意義は高まっている。公害を伝えるというとき，それを直接経験した当事者が発するものだけに頼れなくなりつつある。公害資料館は，現代において公害の経験を伝え続ける装置といえる。「公害から環境へ」と言われるなかで，公害が過去の問題として後景に退き「公害を学ぶ意義はどこにあるのか」と問われる現実はいまだにあるが，各地の公害資料館は，公害問題が現在もあることを可視化するとともに，公害経験を学び続ける価値があるものとして発信していくだろう。公害問題が現在にもあることを問いかけつつ，公害経験を学ぶ価値についても再考し現代に問いかけ続けることが求められている。決して，過去のことを伝えるだけではないのである。

　公害の経験の継承は，立場によって解釈が複数になってしまう困難な過去だからこそ，様々な意見を含めたままで継承することが求められる。そして，様々な立場が対話をして解釈を変化させていく過程も継承することが求められているだろう。

第1部

第2部

第3部

　その意味において，いまだ公害地域での軋轢が残されている現状では，公害の経験の継承は道半ばにあるといってよい。そして，その困難な過去の解釈は絶えず変化し，対話は終わることはない。

　私たちが公害の経験を知ることは，社会を知ることにつながる。個人レベルでの被害の実相を伝える資料だけでなく，なぜ公害が起きたのか，公害をなくすための努力とはいったい何であるかを考えた場合，そこには社会の様々なセクターの意思が重なり合って物事が形成されてきた複雑な様相がみえてくる。公害の経験を学ぶ意義は，被害の悲惨さだけでなく，多数のステークホルダーがいるなかで，どのように公害が発生し，解決に向かってきたか，そしてどのような課題が残っているのかを背景を含めて学ぶところにあるだろう。多数のステークホルダーの努力があって困難を乗り越えてきたこと，それらの事実や思いを知ることは，社会を信頼することにつながる。また，今もなお課題が残されていると知ることで，社会の当事者の一人として社会課題に関わっていく糸口を知ることにもつながる。公害を学ぶ意義は，社会に対する絶望だけではなく，社会の希望も学ぶことにあるのではないか。双方向の対話が生まれるような学びは，楽しさに満ちている。その楽しさが社会の希望の一つなのだ。フォーラムとしての公害資料館をめざして，公害資料館ネットワークは活動を続けている。

　公害を知らない世代が公害の経験を伝える側になるには，学習が必要である。共に学び，分かち合うことで喜びや楽しさが生まれ，その学びから新しいものが生み出される。そうした場として公害資料館ネットワークは機能している。2020 年 6 月に宮崎大学土呂久歴史民俗資料室が設立されて土呂久公害を伝える拠点が作られ，2021 年には福島県のいわき市に原子力災害考証館 furusato が開館した。岡山の水島でも 2022 年に公害資料館（みずしま資料交流館，愛称：あさがおギャラリー）が設立されたように，これからも公害資料館は各地で設立されていく可能性がある。公害資料館ネットワークはそれらの動きを支援できるように，学びの場を作り出す活動を継続していきたい。

【引用・参考文献】
公害地域再生センター（1999）．『大気汚染と公害被害者運動がわかる本／大気汚染公害Q&A』
公害地域再生センター（2009）．『財団法人公害地域再生センター（あおぞら財団）2008（平成　20）年度事業報告書』
公害資料館ネットワーク（2015）．『公害資料館ネットワーク 2014 年度報告書』

公害資料館ネットワーク（2022）.『第8回公害資料館連携フォーラム in 長崎 報告書』

「国連持続可能な開発のための教育の10年」関係省庁連絡会議（2014）.『国連持続可能な開発のための教育の10年（2005〜2014年）ジャパンレポート』

佐藤真久・阿部　治［編］（2012）.『ESD入門——持続可能な開発のための教育』筑波書房.

菅　豊（2019）.「パブリック・ヒストリーとはなにか？」菅　豊・北條勝貴［編］『パブリック・ヒストリー入門——開かれた歴史学への挑戦』勉誠出版, pp.3–68.

塚田眞弘（2017）.「新潟水俣病資料館から見た公害資料館ネットワーク」公益財団法人公害地域再生センター『りべら』*144*: 5.

西村仁志（2021）.「スタディツアーに参加する——参加, 体験, 交流から学び合う」安藤聡彦・林　美帆・丹野春香［編］『公害スタディーズ——悶え, 哀しみ, 闘い, 語りつぐ』ころから, pp.158–159.

林　美帆（2013）.「西淀川の公害教育——都市型複合汚染と公害認識」除本理史・林　美帆［編］『西淀川公害の40年——維持可能な環境都市をめざして』ミネルヴァ書房, pp.65–103.

林　美帆（2014）.「公害と環境再生——大阪・西淀川の地域づくりと公害教育」鈴木敏正・佐藤真久・田中治彦［編］『環境教育と開発教育——実践的統一への展望：ポスト2015のESDへ』（持続可能な社会のための環境教育シリーズ5）筑波書房, pp.81–97.

林　美帆（2015）.「公害を学ぶ今日的意義——公害資料館連携から見た公害教育」『環境教育』*25*(1): 70–81.

林　美帆（2016）.「公害地域の「今」を伝えるスタディツアーが公害教育にもたらしたもの」『開発教育』*63*: 70–75.

林　美帆（2017）.「公害資料館ネットワークの意義と未来」『大原社会問題研究所雑誌』*709*: 4–17.

林　美帆（2021）.「被害者と加害者のキャッチボール」安藤聡彦・林　美帆・丹野春香［編］『公害スタディーズ——悶え, 哀しみ, 闘い, 語りつぐ』ころから, pp.172–174.

原子栄一郎（2021）.「公害をどう学んでいくか?——公害を自分のこととする〈深い学び〉」安藤聡彦・林　美帆・丹野春香［編］『公害スタディーズ——悶え, 哀しみ, 闘い, 語りつぐ』ころから, pp.134–135.

除本理史・大島堅一（2010）.「軍事活動による環境問題——「権力的公共性」と公害輸出」除本理史・大島堅一・上園昌武『環境の政治経済学』ミネルヴァ書房, pp.125–141.

吉田憲司（2013）.「フォーラムとしてのミュージアム, その後」『民博通信』*140*: 2-7.

第1部

第2部

第3部

第4章
教育資源としての公害資料館

困難な歴史を解釈する場となるために

安藤聡彦

1 公害資料館は何のための施設か？

　本章では，公害資料館を一つの教育資源として捉える立場から論をすすめてみたい。いうまでもなく，法制度的な位置づけでは，公害資料館は学校ではないし，公民館・博物館・図書館のような社会教育施設でもない。だが，学習に対する助成的介入を教育と捉えれば，後述のように公害資料館では教育的な営みが日々取り組まれており，それゆえ公害資料館は「教育的な営みを行ううえで価値ある資源」という意味での「教育資源」と理解することが可能といえるだろう。問題はそのような認識が社会の側はもとより，当の公害資料館自体のなかにおいても十分確立していないことにある。

　本章ではこのような課題意識に立って，公害資料館の有する教育資源性について考えてみる。すなわち「公害資料館が教育資源である」ということの本質的な意味，ならびにその意味を実体化するうえで不可欠な要素の提示をめざしてみたいと思う。

　最初に，そもそも公害資料館は何のために設置されているのか，という点からあらためて検討してみることにしたい。手がかりとなるのは，公設公害資料館の場合には設置者である自治体の条例であり，民間施設の場合は組織内の要綱等である。

　県立・市立の公害資料館設置の目的は，それぞれの条例において，例えば次のように規定されている。

- 「水俣病に関する資料を収集・保存し，水俣病問題の教訓を後世にいかして，環境問題への情報発信に資するため」（水俣市立水俣病資料館条例，1992年）
- 「新潟水俣病を経験した県として，二度と同じような公害を発生させてはならないという教訓を将来に伝えるとともに，水の視点から環境を考え，環

境を大切にする意識を育むため」（新潟県立環境と人間のふれあい館条例，
2001 年）

・「公害の克服の過程，環境の保全，環境への負荷の低減に資する技術等に関
する資料を収集し，保管し，及び展示し，並びに環境の保全に関する学習及
び交流の場を提供することにより，市民の環境の保全のための活動を促進し，
もって環境の保全に資するため」（北九州市環境ミュージアム条例，2002
年）

・「イタイイタイ病が二度と繰り返されることのないよう，貴重な資料や教
訓を後世に継承するとともに，困難を克服した先人の英知を未来につなぎ，
もって環境及び健康を大切にする県づくりに資するため」（富山県立イタイ
イタイ病資料館条例，2011 年）

・「四日市公害の歴史を風化させることなく，環境改善の歩みから得た教訓を
生かし，より良い環境を次世代に引き継ぐため」（四日市公害と環境未来館
条例，2014 年）

　北九州市環境ミュージアム以外の資料館は，「教訓の継承」とか「教訓を生かす」
という表現が共通して用いられていることが注目される [1]。その目的を実現するた
めの事業としては，「資料の収集，保存，展示，利用」がどの条例においても第一に
規定され，それ以外には「資料の調査・研究」，「知識の普及・啓発」ほかが示され
ている。「資料の収集，保存，展示，利用」という規定は，博物館法第 2 条による
博物館の規定（「歴史，芸術，民俗，産業，自然科学等に関する資料を収集し，保管
し，展示して教育的配慮の下に一般公衆の利用に供し，その教養，調査研究，レク

---

1) 日光市足尾町にある足尾環境学習センターは，足尾鉱毒事件や日本の公害問題について
一定の展示を行っているが，「観光客の利用の促進を図り，もって本市の観光振興及び
公共の福祉の増進と生活文化の向上に資するため」に設置された日光市足尾公園の「有
料公園施設」として規定されており，その設置目的は条例上明確ではない（日光市足尾
公園条例，2006 年）。また，2020 年 9 月に開館した福島県の東日本大震災・原子力災害
伝承館は，「東日本大震災における甚大な災害に見舞われた福島県の記録，教訓及び復
興のあゆみを着実に進める過程を収集，保存及び研究し，決して風化させることなく後
世に引き継ぎ，国内外と共有するとともに，福島イノベーション・コースト構想の推進
及び本県の復興の加速化に寄与するため」（東日本大震災・原子力災害伝承館条例，
2019 年）と，「教訓」より「復興」に重きを置く規定となっている。

リエーション等に資するために必要な事業を行い，あわせてこれらの資料に関する調査研究をすることを目的とする機関」）にならっている，ということができるだろう。「公害の教訓の継承」を目的とする博物館的な機能を有する一般公共施設というのが，これらの条例に共通する公害資料館のイメージである。だが，同時にそれらの条例はもっぱら施設の管理運営のあり方（ときに指定管理施設としての）を定めることに主眼を置いており，目的を実現するための組織のあり方（職員体制や審議会体制等）についてはほぼ規定を行っていない。

　「公害の教訓の継承」を「資料の収集，保存，展示，利用」によって行うハコ，条例から浮上する公害資料館の姿はそのようなものだ。そこには「継承」という目的と「資料」というメディアを誰がどうつなげていくのかということは書き込まれていない。

　それに対して，民間の資料館はどうか。

　水俣市の一般財団法人水俣病センター相思社は，「水俣病被害者に係る問題について相談に応じ，その解決を図るとともに，水俣病事件に関する調査研究を推進し，その成果の普及・活用に努めることを目的とする」（一般財団法人水俣病センター相思社定款, 2012 年）という法人の理念にもとづき水俣病歴史考証館を設置している。また，大阪市の公益財団法人公害地域再生センター（あおぞら財団）は，西淀川・公害と環境資料館エコミューズについて，「西淀川公害に関する資料を中心とする公害・環境問題に関する資料・文献等を収集・整理・保存し，それらを永く後世に伝えるとともに，これらを公害の歴史を解明し，また住みよい地域環境を構築するための参考資料として生かしていくために設置される」（西淀川・公害と環境資料館規定制定のための要綱, 2006 年）としている。

　民間の資料館は，反公害運動を背景とする組織の設立が先にあり，その附属施設として設置されているため，公害経験とそれに関わる資料の継承という設置目的は明快である[2]。だが，ここでも「教育」や「学習」の位置づけは明確であるとは言いがたい。

2）茨城県東海村にある「原子力科学館」は JCO 臨界事故や福島原発事故の展示を行っているが，設置母体である公益社団法人茨城原子力協議会は「広く県民に，放射線の基礎知識と原子力の安全等に関する幅広い知識の普及と啓発の事業を行い，もって放射線及び原子力に関する科学技術の振興に寄与する」（公益社団法人茨城原子力協議会定款, 2013 年）という目的のもとに同館の運営を行っている。そこには「公害の教訓」という視点は存在していない。

ここまで，公立及び民間の公害資料館の設置目的をみてきた。そこではいずれも公害に関わる資料や経験の継承が目的として掲げられていたが，教育に関わる記述はほとんどなかった。公立資料館の場合，当該施設が教育委員会の管轄下にある教育施設ではなく一般公共施設であることを明確に示すための措置とも解されるが，それが結果的に公害資料館の教育資源性をいっそうみえにくくしてしまっているともいいうるだろう。

2 データにみる公害資料館の教育活動の実態

上述のように，公害資料館は規定上は教育に関する記述が見られないのだが，実際には様々な教育的な営みが行われている。そこでその概況を手元のデータ[3]から探ってみよう。まず，どういう人たちがどのくらい資料館に来館しているのか（表4-1 参照）。

公立資料館においては小中学生の利用が多いことがわかる。これは，例えば熊本県の「水俣に学ぶ肥後っ子教室」制度のように，子どもたちが資料館を訪問するためのバス代等の経費を自治体が補助することによって可能となっている場合が多い。それに対して民間資料館の場合には，そうしたアクセス補助を受けていない。

高校生・大学生も小中学生ほどではないにせよ利用している。団体利用は各種団体や企業の研修が多く，館によっては海外からの研修も少なくないようだ。成人一般の利用も館によってばらつきがあるものの，それぞれ一定数にのぼっている。資料館には子どもから成人に至るあらゆる世代が来館しているとみてよいだろう。

では，やってきた来館者は，資料館で何をしているのか。西淀川・公害と環境資料館以外の館は，展示の見学が基本となる。それゆえ，それぞれの館でどのような展示がなされているのかが資料館での来館者の経験を左右することになる（平井，2015）[4]。展示の見学にあたっては，職員やボランティアが解説に入る場合もある。解説に際して一定のマニュアルをつくっている館もあれば，スタッフ一人ひとりが

---

3) 本来的には公害資料館の教育事業についての包括的な調査を行うべきところであるが，今回はそこまで準備を行うことができなかった。ここでは，2014 年度の利用者数については公害資料館ネットワーク学校分科会が 2015 年度に実施した「資料館と学校との協働」に関わるアンケート調査（五十嵐，2016）の結果に，2018 年度についてはウェブ上に公開されている各館の事業報告関連データ及び個別の問い合わせ結果に，それぞれもとづいて記載している。

表 4-1　資料館への来館者数

注：＊は高校生のみ，＃は幼稚園・保育園を含む，″は引率教員を含む。ちなみにここには出前授業等での参加
　　人数は含まれていない。

		2014 年		2018 年			
		小中学生	高大生	小中学生	高大生	団体	一般
公立資料館	新潟県立環境と人間のふれあい館	3928	2059	3891#	2221	1480	24680
	四日市公害と環境未来館	883	—	11253#	2871		36565″
	富山県立イタイイタイ病資料館	4330	802				
	北九州市環境ミュージアム	8987	1158	130386			
	水俣市立水俣病資料館	25476	1180*	27657		15278	
民間資料館	西淀川・公害と環境資料館（あおぞら財団）	0	57	483			
	水俣病歴史考証館（相思社）	208	474*	2778			

独自の工夫を積み重ねている館もある。北九州市環境ミュージアム以外の館では語
り部制度をおくなどして，被害者や関係者の語りを聴くことのできる機会を設けて
いる。その他，各館が様々な講座やイベントの実施に取り組んでおり，公害問題に
関わる多様な学びの機会を用意しているとみることができる。

　資料館を運営し，事業を担っているのは誰か。民間資料館の場合は，設置者であ
る非営利組織職員が館の仕事を兼務している。公立資料館の場合，新潟県立環境と
人間のふれあい館，水俣市立水俣病資料館，四日市公害と環境未来館は自治体直営
であり，上記の表中のその他の 2 館は指定管理者による運営となっている[5]。公立
博物館の場合には，学校教員が異動によって教育普及担当として活動する事例が増
えているが，公害資料館ではそうした事例は確認されていない。いくつかの館では
運営協議会のような制度を設け，定期的に専門家や関係者・市民の意見を聞き，そ
れを運営に活かすようにしている。資料館の活動の質について絶えず様々な視点か

4）福島市に設立されたコミュタン福島とウクライナのチェルノブイリ博物館との展示を比
　　較した後藤（2017）も参照されたい。
5）富山県立イタイイタイ病資料館は公益財団法人富山県健康づくり財団，北九州市環境ミ
　　ュージアムはタカミヤ・里山・エックス共同事業体がそれぞれ指定管理者となってい
　　る。

ら検討を行うことはきわめて重要である。

これまでみてきたような活動を進めるうえで，公害資料館は何が課題であると考えているのか。公害資料館ネットワーク学校研究会が2015年度に「学校との協働をすすめるための課題」という点にしぼってアンケートを実施した際には，とくに「学校や教員個人とのつながり・関係性」や「資料館スタッフの人材確保」が多くの施設から課題として掲げられていた[6]。学校や教員個人とのかかわりを深めること，同時にそれを担うことができるスタッフを資料館内に確保することが，中核的な課題として捉えられているということになる。

館によって少なからず違いはあるものの，公害資料館において来館者に向けた多様な教育的営みが実態としてかなり大きな位置を占めていることは明らかであるだろう。

3 困難な歴史を解釈する場としての公害資料館

それでは，あらためて公害資料館が教育的な営みに取り組むことの意味，換言すればそれが教育資源であるとはどのような意味においてであるのか，について考えてみよう。

2017年の11月末，筆者はウクライナのチョルノービリ（チェルノブイリ）原子力発電所から国境をはさんで60kmほどのところにあるベラルーシ共和国ホイニキ市の郷土博物館を訪れた。この館の2階にある「チョルノービリの悲劇」展示室を見学するためである。それほど広くない，学校の教室一つ分くらいのその展示室には，1986年の事故から現在に至るこの町の歴史が写真や絵画や手紙，あるいは様々な現物資料によって表現されていた。この展示室の片隅にひときわ大きな机が置かれており，筆者がその展示の意味を尋ねると，ゴメリにある大学に新設された文化財保護コースを出たばかりという年若い職員が次のような説明をしてくれた。

> 事故直後にホイニキにおかれたベラルーシ社会主義ソヴェト共和国事故対策本部において陣頭指揮にあたったグラホフスキーが，86年の5月から9月までこの机で仕事をしていました。彼はミンスク（共和国政府）の指示を待たずに様々な決定を行っていたのです。それがどんなに危険なことであるかを彼は十分理解してい

---

6) その概要については，五十嵐（2016）を参照されたい。

ました。91年に彼は亡くなったのですが，この地域の人たちは彼がいたからこそ被害が小さくてすんだことを知っています。(安藤，2019：133)

　この短い解説によって，筆者は二つの問いを投げかけられることになった。ひとつは「いったい自分はチョルノービリ原発事故史について何を知っているのか」という問い，そしてもう一つは「自分がグラホフスキーだったらどうしただろうか」という問い，である。

　公害資料館は，訪れる者たちに様々な気づきを与える。例えば，鹿児島県出水市の水俣病未認定患者であった故中原八重子さんは，関西訴訟最高裁判決（2004年）のあと「未認定患者」であることをカミングアウトし自らが生きてきた水俣病を語ることになったのだが（安藤，2010），こんな経験を話してくださったことがある。それは，彼女が初めて水俣市立水俣病資料館に行ったときのことだ。自身の水俣病については息子にさえ語ってこなかった彼女は，資料館があるのは知っていたが行こうなどと考えたこともなかった，という。それが「未認定患者」として生きることを決意して，あるとき実際に行ってみたというのだが，そこで彼女が見たのは何と大叔父の写真であった。彼女の大叔父・釜鶴松は出水市最初の認定患者であり，第一次訴訟のときにはその息子の時良が父の遺影を抱いて参加したのだが，その叔父・時良について家族や親戚からは「関わらないほうがいい」と言われていた。だが，このとき大叔父の写真を見て，大叔父や叔父を避けてきた自分は本当に正しかったのか，と初めて考えたというのである。その後，八重子さんは「初めて水俣病のことを話しに」時良宅を訪れることになる。

　こんなエピソードもある。ある学生は，水俣病資料館を訪ね，一人展示を見ていたところ，地元の人と思しき人に声をかけられた。「何を言うのかと思ったら，「実際にはチッソは水俣の経済にけっこう貢献しているんだけどね」って言うんですよ。むちゃくちゃ驚きました」。彼は，水俣市において患者たちが肩身の狭い思いを強いられてきたことを知ってはいた。だが，実際にそうしたチッソの加害性を相対化する語りに資料館で直面して，患者を取り巻く状況がいまだに厳しいことを痛感したのである。

　筆者は，公害資料館の最も重要な役割は，『博物館・史跡で困難な歴史を解釈する』（2016）の著者ジュリア・ローズの表現を借りれば，「困難な歴史を解釈する」(interpreting difficult history) 機会を来館者に提供することにある，と考える。アメリカ南部ルイジアナ州の地域博物館——そこでは奴隷制の歴史の展示が大きな課

題となってきた——の館長でもあるローズは,「20世紀最後の四半世紀以降,博物館や史跡は教育施設としての社会的責任をますます強く認識するようになっており,最近では,社会問題との関連性をさらに強く強調するに至っている」(Rose, 2016: 7) としたうえで,奴隷制をはじめとする様々な差別,ジェノサイド,戦争被害,疾病,テロなどの「抑圧と暴力とトラウマの歴史」としての「困難な歴史」の解釈に取り組む博物館や史跡が世界各地で増えていることに注目を促している。試みに,彼女が言及している博物館の名称をいくつか記してみよう。

> アメリカ合衆国ホロコースト記念博物館
> 911メモリアル&ミュージアム
> 国立地下鉄道自由センター
> 国立ハンセン病博物館
> オクラホマシティ・ナショナル・メモリアル&ミュージアム
> マンザナー強制収容所
> ベトナム戦争戦没者慰霊碑
> 広島平和記念資料館

このほか,スミソニアン博物館での著名なエノラ・ゲイ展示,ニューオーリンズの美術館におけるゲイ・バー「アップステアーズ・ラウンジ」放火事件の想起を求める特別展,原爆開発のためにつくられた秘密都市オークリッジの子ども博物館における街の歴史の展示など,「困難な歴史」をめぐる広範な事例が彼女の本では紹介されている。ローズが言及している「困難な歴史を解釈する博物館及び史跡」には環境汚染や公害関連の施設は登場してこないのだが,公害資料館もまた「抑圧と暴力とトラウマの歴史」としての「困難な歴史」を扱う場であることに鑑みれば,こうした資料館も十分「困難な歴史を解釈する博物館及び史跡」のリストに掲載されるに値すると理解して良いだろう[7]。

ここで重要なことは,ローズが「困難な歴史」をめぐって「解釈する」(interpret)という動詞を用いていることである。いったい「解釈」とは何をすることであるの

---

7) アメリカの博物館学研究者P.ウィリアムスは「ある種の大規模な苦悩を追悼する歴史的イベントに捧げられた特定の博物館」としての「追憶の博物館」(memorial museum)の一事例として,ウクライナの首都キーウ（キエフ）にある国立チョルノービリ博物館を取りあげている（Williams, 2007: 8, 36–37）。

か。ローズによれば，「歴史の解釈とは，出来事や考え方の意味についての説明や記述である」（傍点：引用者）であるという（Rose, 2016: 99）。要は，「困難な歴史」とはどのようなものかということを知るばかりでなく，そのことの持つ意味を考えることが重要である，という立場である。これは，過去に起こった出来事をもっぱら自分とは切り離されたものとして眺める歴史との関わり方への問い直しを志向している。

> 困難な歴史についての学習経験を発展させる歴史博物館や史跡は，その歴史が現在にどのように関連しているのかを示す語りを形成するために，現存する歴史の断片や集合的記憶のかけらを利用するのである。（Rose, 2016: 6）

「困難な歴史を解釈する博物館及び史跡」は，来館者と歴史との出会い直しを生み出し，正義や人権，歴史における個人の役割や責任等についての再考を求める。

> 博物館による困難な歴史の解釈は，社会正義の教育を行い，人権を擁護し，追憶や追悼の場としての役割を果たすための有益な教育的戦略である。抑圧され被害を受けた人々の物語を提示しその位置を高めることによって，博物館や史跡における困難な歴史はアドボカシーと礼節と教育のための道具となるのである。（Rose, 2016: 19-20）

　ローズによれば，「困難な歴史を解釈する博物館及び史跡」は上述の意味で深い教育的ミッションを有する施設である，ということになる。公害資料館が教育資源であるというとき，その本質は「困難な歴史を解釈する場」である，という意味であるととらえたい。

4　「困難な歴史」をめぐる「学習の困難」

　では，「困難な歴史を解釈する場」という公害資料館の本質的な意味を実体化していくためには何が重要であるのか。この問題を考えるにあたって何よりも大事なことは，それが一筋縄ではいかない現実を見据えることである。筆者は，自らの職場（埼玉大学教育学部）において，夏休み期間中に3泊4日で学生たちと水俣を訪問する「水俣合宿」に2005年以来取り組んできた。以下では，その経験とローズら

の議論とをつきあわせる形で，この問題を考え，そのうえで「教育資源としての公害資料館」を成り立たせる最も重要な要素についてあらためて検討してみることにしたい。

　若い世代と公害を学ぶ──「困難な歴史を解釈する」──ことは容易ではない。かれらのほとんどにとって「公害」とは「むかし」の出来事であり，それは高校までの社会科教科書に載っていたほんの一つのエピソードに過ぎない。大学にまで来て，なんでいまさらそんなことを学ぶのか。そうした違和感をもつのは，かれらの背後にいる保護者も同じで，娘や息子が「水俣に行く」と告げると，「そんな昔の話をいまさらほじくりかえしてどうするの」と疑問を投げかけるおとなたちも少なくないようだ。

　公害という「困難な歴史」の解釈には，もう一つの困難，すなわち「学習の困難」がつきまとう。この「学習の困難」を克服できなければ，「困難な歴史」の解釈に至ることはできない。

　では，この「学習の困難」とはどのようなもので，なぜ生じるのか。筆者は，そこには以下のような二つの問題が重層的に存在しているものと理解している。

　第一に，先に指摘した公害経験の学校知識化である。「公害って知ってる？」と問うと，「教科書に出てました」という答が返ってくる。20年近く前に水俣合宿を始めた当初，筆者はこの応答にいつも狼狽していた。1959年に生まれ，神奈川，静岡，東京で育った筆者は，大気汚染にも水質汚濁にもさらされながら子ども時代を送っていたし，マスコミも様々な公害の話で絶えず満ち溢れていた。要するに公害は日常経験の一部であったのである。だが，現代の若い世代や子どもたちにはそうした経験はない。

　この公害経験の学校知識化は，さらに次のような問題を抱え込むことになる。

　制度化された学校教育の問題性を説明する議論としてしばしば参照されるブラジルの哲学者・教育者パウロ・フレイレ（1921–1997）の「銀行型教育」論がある。

　　教師が一方的に話すと，生徒はただ教師が話す内容を機械的に覚えるだけになる。生徒をただの「容れ物」にしてしまい，教師は「容れ物を一杯にする」ということが仕事になる。〔…〕〔教師は〕生徒と気持ちを通じさせる，コミュニケーションをとる，というかわりに，生徒にものを容れつづけるわけで，生徒の側はそれを忍耐をもって受け入れ，覚え，繰り返す。これが「銀行型教育」の概念である。「銀行型教育」で生徒ができることというのは，知識を「預金」すること，知識を貯めこ

むこと，そして，その知識をきちんと整理しておくこと，であろう。いわば，知識
のコレクターというか，ファイル上手というか，そういうタイプの人になる，とい
うことだ。(フレイレ，2011：79-80)

　教育史研究者の木村元は，1980 年代以降，「知識偏重の学力観を改め，自ら学ぶ意
欲と思考力，判断力，表現力を重視する」教育が打ち出されながらも，そうした教
育が実現していかない状況について，「新しい時代の能力の重要性が打ち出される
一方で，現実の日本の社会においてはまだ要素的で博学主義的な学力への依存は根
深い」と指摘しているが（木村，2015：141, 146），これは「銀行型教育」が日本の学
校化社会において依然として大きな力を保持していることを示しているといえよう。
実際，筆者が職場で出会った学生たちに「学びの自分史」を尋ねてみると，「高校で
はずっと「考えるな，覚えろ」と言われ続けてきた」とか，「とにかく正解を書ける
ようにするためだけに勉強してきました」といったレスポンスが少なくない。そう
した「銀行型教育」的な学びのプロセスにおいては「困難な歴史の解釈」など成立
しようがない。その結果，かれらは大学に入ってあらためて公害という「教科書に
出ていた」対象と出会うと，当初はそれとどう向き合ってよいのかわからず，動揺
することになる。例えば，あるとき水俣合宿に参加した学生は，現地で被害者や支
援者の話を聴いた経験をふりかえって次のように記している[8]。

　　何も感じていないわけではないのに，自分の言葉が出てこなかった。感情と思考
　　がバラバラになってしまったようだった。

また別の学生は以下のようにふりかえっている。

　　水俣病を自分の前に置いたときに，あらゆる意味での「できなさ」を抱える自分を
　　発見せずにはいられなかった。

　学校知識化された公害経験を見直し「困難な歴史」としての公害の解釈へと進み
出るためには，「銀行型教育」的な学びのあり方そのものを根本から見直さざるを得

8）以下に引用する学生たちのコメントは，2014 年度の合宿に参加した学生たちのレポート
　　によっている。

ない。

公害という「困難な歴史」の解釈をめぐる「学習の困難」の第二の問題は，学習者が「困難な歴史」をふれることに対して抱く抵抗感にある。ローズの本には，奴隷制をめぐる展示を行っている地域博物館において博物館スタッフである彼女自身やその同僚たちが耳にしてきた来館者たちの動揺を示す様々なことばが記録されている。「もうたくさんです」，「どうでもいいでしょう」，「そんなこと私に何の関係があるって言うんですか」などなど。おそらく，日本の公害資料館で働くスタッフも，同じような言葉を耳にしたことのある人は少なくないだろう。私たち大学教員も，「公害」という言葉を出した途端に学生たちが急に下を向いたり，顔をそむけたりする場面に何度も遭遇してきている。この「困難な歴史」の解釈にあたって学習者が示す「抵抗」（resistance）についてローズは，「学習の喪失」（loss in learning）という視点でブリッツマンの精神分析学的学習論などに依拠しつつ論じているが，その結論は以下の二つの文章に集約されていると解される。

- ・学習者のエゴは，破壊的な知識，すなわち学習者が無意識的に邪魔であったり不安定化要因であるとみなす知識，から学習者自身をふだんに防衛している。
- ・学習の危機は学習者にとってストレスに満ちたものであるとともに，学習が生じうる瞬間でもある。（Rose, 2016: 73）[9]

アメリカの高校生の「困難な歴史」学習への反応を調査したカリキュラム研究者のヒメネスも，かれらが——とりわけ自分自身の所属する集団（例えば白人コミュニティなど）の加害性についての情報に接したとき——採用する，「どっちもどっちだよね」といった「距離を取る」多様な戦略について記述している（Jimenez, 2019）。筆者の「水俣学習」に参加した学生たちも水俣病事件について学ぶことのつらさや難しさを様々な形で書き綴ってきた。ある学生は次のように記している。

---

9) ローズは，「困難な歴史」にふれた者が示す「そんなこともう知りたくない」という抵抗について，比較文学研究者ショーシャナ・フェルマンの「無知への情熱」（passion for ignorance）をめぐる次のような指摘を用いて説明を試みている（Rose, 2016: 85）。「別言すれば，無知は不在という受動的状態，単なる知識の欠如ではない。それは否定という積極的な力動性，知識を受け入れることに対する積極的拒否である」（フェルマン，1990: 119）。

水俣病事件史に関する事前学習は水俣病患者とチッソ（企業）というような対立構
造を私に印象づけさせた。水俣病患者や会社の労働者の声が被害者，弱者の声と
して捉えがちになる。「加害者」の手で作られた社会に生きる私は何なんだろうか。
彼らを犠牲にして成り立っていた社会に住む私は加害者なのだろうか。圧倒的な
差別，偏見，排除の実態に，自分がどのような問いを持つのかと言う前に，戸惑い
と葛藤が生じる。水俣病が社会病，政治病であるがゆえに，水俣病を学ぶ者にとっ
ては，どのような立ち位置にいるのか混乱させるのではないだろうか。水俣病を
学べば学ぶほどさまざまな障害や問題が見えるが，それは被害者の声として現れ
てくるものだから受け入れることも辛くなる。共感することの限界を感じるのだ。
そして，どこに自分の問題意識をもつのか分からなくなる。私の水俣病に対する
抵抗感はこのように作られていた。〔…〕ここで私は水俣病事件の何が問題なのか
分からなくなった。

　この学生の記述から浮上してくるように，学習者にとっては公害史という「困難
な歴史」をめぐる知識が「感情を揺さぶられる知識」（emotional knowledge）[10] で
あるからこそ，その学習のプロセスは「抵抗感」をかれらに生じさせるものとなる。
　このように，「抑圧と暴力とトラウマの歴史」としての「困難な歴史」の解釈は
学習者をしばしば動揺させ，抵抗感を生ぜしめ，「学習の喪失」をひきおこすこと
になる。日本における公害経験の場合，とりわけ若い世代においては，その学校知
識化が進行し，他の知識と同じ形で学習者の内部にもっぱら「預金」されている状
態にあるため，「出来事や考え方の意味についての説明や記述」としての「解釈」
を求められると，かれらにはさらなる混乱が生じることになる。筆者は公害という
「困難な歴史」の解釈をめぐる二重の「学習の困難」をこのように捉えている。だ
が，ローズが指摘しているように，「学習の危機は学習者にとってストレスに満ちた
ものであるとともに，学習が生じうる瞬間でもある」。「教育資源としての公害資料
館」に求められているのは，「学習の困難（危機）」を「学習が生じうる瞬間」へと

10）ヒメネスは，歴史研究者ロビンソンの議論に依拠しつつ，「ロビンソンは，歴史叙述そ
　れ自体が感情を伴うプロセスであり，感情は書き手の素材選択はもとより，どのよう
　にかれらがその研究を提示するのかを決定するうえで基軸的な役割を果たしていると
　主張したうえで，学生が「感情を揺さぶられる知識」を発展させることを支援する必
　要性を指摘している」と記している（Jimenez, 2019: 201）。

転轍させるきわめて困難な，しかしまことに意義深い仕事である。

5 教育資源としての公害資料館：その三つの要素

　埼玉大学で行ってきた「水俣合宿」は，規模や内容はその時々の状況に応じて様々に変化してきたが，ただ一つずっと変わらないことがある。それは，水俣病歴史考証館を運営する一般財団法人水俣病センター相思社からのサポートを受け続けてきたことである。そこで最後に，そうした被サポート経験とローズらの議論をつきあわせることを通して，「困難な歴史を解釈する場」という教育資源としての公害資料館の本質的な意味を実体化していくうえで不可欠な要素の提示を試みてみたい。

　ローズは，「困難な歴史を解釈する博物館・史跡」においてその解釈実践をすすめるための理論を「追悼博物館教育学」（Commemorative Museum Pedagogy）と呼び，その支柱を「顔」（Face），「実在」（Real），「語り」（Narrative）の三つであるとしている。約言すれば，「抑圧と暴力とトラウマの歴史」を生きた「歴史的他者」（顔）について，様々な資料（実在）を用いつつ，来館者に語りかける（語り）ことが「困難な歴史」の解釈実践の本質であるとする議論である（Rose, 2016: Chap.4）。ローズによれば，この実践は「広範かつ多様な有給及びボランティアの博物館関係者とパブリック・ヒストリアンを含む集団」（Rose, 2016: 6）である「歴史実践者」（history worker）によって取り組まれるものであるという。

　こうしたローズが示す解釈実践の方向性に筆者は共感する。そのうえで，あらためて「教育資源としての公害資料館」において重要な要素は何であるのかと問うとき，とりわけ「学習材としての資料」，「学習支援者としての歴史実践者」，「学習空間としての施設」の三つがそれにあたるのではないかと考えられる。

5-1　学習材としての資料

　学習者の側からみると，多くの公害資料館が公害の「現地」に存在していることの意味はすこぶる大きい。すなわち，学習者にとっては「現地」そのもの——その景観であったり，事件を記録したプレートや記念碑であったり，さらにはそこで生きる人びとの声であったり——が公害の記憶と現状をからだ全体で受け止める手がかりとなる。だが，そうした生の現実はあまりに多様で断片的であるため，とりわけ「学校で学んだ」経験があるだけの若い世代にとってはそこから自らの公害像をアップデートしていくことは容易ではない。公害資料館は，かつて「生の現実」と

して存在していた出来事を文字によって記録したものや出来事の一部となっていたモノを資料として収集保存し，その一部を学習材として選択し必要に応じて編集したうえで展示やウェブサイト，さらに読み物や資料集のような形で提示することによって，学習者の「困難な歴史」へのアクセスを誘っている。多くの資料館で取り組まれている「語り部」によるトークは，いわば「生の現実」と「資料」との中間に位置する学習機会の提供ということもできるだろう。

　相思社の歴史考証館には，数年前から地元の画家・石本寅重さんの油絵が展示されるようになった。考証館は，水俣病の長く重く深い歴史を伝える写真やモノ，解説がぎっしり展示されきわめて密度の高い場所となっているのだが，出口近くのこの小展示室では，一人の画家——解説には「寅重さん自身も患者となり，水俣病の症状によって手の震えが激しく，息を止めて筆を持つ手を押さえながら描きました」と記されている——の目を通して捉えられ濃厚な色調で描き込まれた水俣漁村の風景をじっくり鑑賞することによって，来館者はあらためて「水俣病とは何であったのだろう」とふりかえることができるようになっている。興味深いのは，考証館を見学したあと，この絵画をめぐって感想を述べる学生たちが多いことだ。文字やふつうのモノ以上に，絵画には自由な語りを誘発する部分があるのかもしれない。

　ローズも述べているように「困難な歴史」を理解するうえで，資料の価値は決定的である。だが，膨大な資料が所蔵されていたとしても，それらを自ら検索して利用する層はきわめて限られている。それゆえ教育資源としての公害資料館にとっては，その資料の学習材としての選択・編集・公開がきわめて重要である。

5-2　学習支援者としての歴史実践者

　公害資料館における教育的な営みの展開には，有給スタッフはもとより，ボランティア，語り部，教師，研究者など，多様な人びとが関わっている。ローズの理解でいえば，これらの人びとはすべて歴史実践者というカテゴリーで理解することができる。こうした歴史実践者について，ローズは大きく次の2点のことを指摘している。

・歴史実践者も来館者も同様に学習者である。
・かれらは，受容（reception），抵抗（resistance），反復（repetition），反省（reflection），再考（reconsideration）からなる「5R's」を重ねることによって，

「困難な歴史」の倫理的な解釈をつくりだしていく。(Rose, 2016: Chap.3)

　ローズらは，実在した「歴史的他者」としての奴隷のライフヒストリーを丹念に語ることを通して「困難な歴史」の解釈実践をつくりだしているのだが，ここではその詳細を記述する暇がない。

　筆者らの「水俣合宿」でも，相思社スタッフはもとより，患者やその家族，支援者，教師など様々な方からの支援を受けながら学びをすすめてきた。それらの支援はそれぞれとても意味深いものであったが，もっとも大きかったのは，相思社スタッフが現存する水俣病関係者と私たちとをつなぐ役割を果たしてきてくれたことだと思う。ここで「つなぐ」とは単にコンタクトを取る，ということでなく，学び会いの場をつくりだす，という意味である。

　筆者には苦い経験がある。あるとき，とある認定患者さんに来ていただき，学生たちにご自身の経験を語ってもらったことがある。それは３時間にも及ぶ熱のこもった講演だった。終わったあと，筆者はものすごい講演を伺ったと感動していた。だが，学生たちに感想を聞くと全く違った答が返ってきた。「まるでテレビを観てるみたいでした」。頭から冷水を浴びせかけられたような思いだった。でも，かれらの言っていることは重要だった。いくら中身の濃い講演であったとしても，一方的に語り続けるだけでは「解釈」という主体的な営みは作り出し得ないのである。

　実際には，水俣にあっても，そのように滔々と語ることのできる関係者はごくわずかで，むしろ語りたくない，あるいは語れと言われても何を語っていいのかわからない，という人びとのほうが圧倒的に多い。私たちにとってありがたかったのは，自らを語ることについて抵抗感のある関係者と念入りに打ち合わせをすることによって，相思社スタッフがかれらの語りを聴く場を私たちに整えてくれたことである。あるときには，その場はスタッフと関係者との対談の場となった。そんなときスタッフは関係者の言葉をじっと待ち，ときにさりげなく答を引き出し，学生たちが関係者の言葉を一つひとつ飲み込むことができるようにしてくれた。そしてまた，思いがいっぱいでうまく問いを表現できない学生たちのことばを受け止め，「聞きたいことはこういうことですよね」と問い返し，わかりやすい形にして，学生たちと関係者との対話を促してくれた。

　学習支援者としての歴史実践家は，こうして「困難な歴史」をめぐる対話の場を生み出し，学習者たちが自らの解釈を作り出していくプロセスを促すことになる。

5-3　学習空間としての施設

　「困難な歴史」の解釈に関わる「学習の困難（危機）」を「学習が生じうる瞬間」へと転轍していくうえで，公害資料館が有する空間的要素，すなわち学習空間としての施設のあり方は小さくない役割を果たしていると筆者は考えている。私たちの「水俣合宿」は，相思社に宿泊し，自炊しながら3泊4日の共同生活・共同学習に取り組むということを続けてきた。日中学生たちは様々な方から話を伺い，多くの場合，いろいろな意味で混乱した感情を抱えながら夜を迎える。そんなとき，かれらは食事の準備をしながら，就寝の準備をしながら，あるいは外に出て夜空を見上げながら，様々な話をする。もちろん，もっとも苦しい思いはそう簡単には表出されないから，「ふりかえり」と名づけて，夜な夜な酒を酌み交わしながら感じたことをじっくり語り合い，聴き合う場も設けてきた。もしも相思社に宿泊設備がなかったら，私たちの合宿はきっと全然別物になっていたのではないかとさえ思う。ローズも，「生産的な討論のための良い土台は，リラックスした雰囲気と，自分たちの考えや疑問は重要であり検討されることになるだろうという学習者のあいだでの共通理解である」（Rose, 2016: 129）と指摘しているが，相思社のゆったりとした空間配置こそまさにその「良い土台」であった。教室という空間は「銀行型教育」と親和性が高い。「困難な歴史」の解釈を促す公害資料館には，「学習者が応答することのできる包容的で安全な環境」（Rose, 2016: 131）を学習者に提供することが求められるのである。

　ここまでみてきたように，公害資料館が一つの教育資源であるとする認識は，社会のなかにあっても資料館の内部にあっても確立されていない。けれども，実際には資料館においては多様な教育的な営みが日々展開されており，それらの質を吟味し発展させることによって，資料館が「困難な歴史を解釈する場」へと成熟していくことが重要であると考えられる。その過程において，とりわけ「学習材としての資料」，「学習支援者としての歴史実践者」，「学習空間としての施設」の役割が大きいというのが現時点での筆者の見立てである。教育研究者の側からいえば，とりわけ第4節で論じた「学習の困難」の問題が大きい。いうまでもなく，その課題を乗り越えるためには公害資料館の努力ばかりでなく，学校・大学における学習改革も不可欠である。その意味で，公害資料館は日本の教育に対してもきわめて大きな課題を投げかけているといえるのではないかと思う。

【引用・参考文献】

安藤聡彦（2010）.「環境問題の〈気づき〉から〈伝える〉へ——語らん海・出水水俣病史断章」嶋崎　隆［編］『地球環境の未来を創造する——レスター・ブラウンとの対話』旬報社, pp.220–248.

安藤聡彦（2019）.「公害記憶の継承と社会教育——ホイニキ市郷土博物館「チェルノブイリの悲劇」展示室訪問から」日本社会教育学会［編］『地域づくりと社会教育的価値の創造』東洋館出版社, pp.124–138.

五十嵐有美子（2016）.「公害資料館の学校協働に関する調査報告」公害資料館ネットワーク『公害資料館ネットワーク2015年度報告書』50–59.

木村　元（2015）.『学校の戦後史』岩波書店.

後藤　忍（2017）.「チェルノブイリ博物館とコミュタン福島の展示を比較して」フクシマ・アクション・プロジェクト［編］『「コミュタン福島」は3.11以降の福島をどう伝えているか』フクシマ・アクション・プロジェクト事務局, pp.7–68.

平井京之介（2015）.「「公害」をどう展示すべきか——水俣の対抗する二つのミュージアム」竹沢尚一郎［編］『ミュージアムと負の記憶——戦争・公害・疾病・災害：人類の負の記憶をどう展示するか』東信堂, pp.148–177.

フェルマン, S.／森泉弘次［訳］（1990）『ラカンと洞察の冒険』誠信書房.

フレイレ, P.／三砂ちづる［訳］（2011）.『被抑圧者の教育学』亜紀書房.

Jimenez, J. (2019). "I Need to Hear a Good Ending": How Students Cope With Historical Violence. in Gross, M. H., & Terra, L. (eds.) *Teaching and Learning the Difficult Past: Comparative Perspectives*, NewYork: Routledge, pp.201–215.

Rose, J. (2016). *Interpreting Difficult Histories at Museums and Historic Sites*, Lanham: Rowman & Littlefield.

Williams, P. H. (2007). *Memorial Museums: The Global Rush to Commemorate Atrocities*, Oxford: Berg.

第5章
福島原発事故に関する伝承施設の現状と課題

民間施設の役割に着目して

除本理史・林美帆

1 福島県内の伝承施設

　災害や大事故などの「負の出来事」をめぐっては，その教訓や経験の継承が常に課題となり，そのなかでミュージアムが重要な役割を果たしてきた（竹沢，2015）。本章では，公害資料館（第3章参照）との比較を行っていく観点から，2011年3月に起きた福島第一原子力発電所事故（福島原発事故）に関する伝承施設について現状と課題を概観したい[1]。

　国土交通省東北地方整備局企画部が事務局を務める震災伝承ネットワーク協議会は，「震災伝承施設」を次のように定義している。「東日本大震災から得られた実情と教訓を伝承する施設」であり，以下のいずれかの項目に該当するもの。①災害の教訓が理解できるもの，②災害時の防災に貢献できるもの，③災害の恐怖や自然の畏怖を理解できるもの，④災害における歴史的・学術的価値があるもの，⑤その他（災害の実情や教訓の伝承と認められるもの）[2]。

　本章ではこの定義を参照し，福島原発事故を対象とした震災伝承施設（ただし後述のように第3分類に着目）を「伝承施設」とよぶ。震災伝承ネットワーク協議会は施設の登録制度を設けているが，本章ではそこで登録されているものに限らずに検討の対象とする。

　まず，福島県内の伝承施設にどのようなものがあるのか，概観しておく。震災伝

1）本章は，除本（2021）をもとに，その後の調査による知見も交えて加筆を施したものである。第3節以下については，林美帆との議論を踏まえて執筆・加筆を行ったことから，本章を両名の共著とした。なお本章は，科研費基盤研究（C）19K12464，22K12507に加え，同22K01855「福島原発事故における民間伝承施設の社会的意義と役割」（研究代表者：除本），日本災害復興学会研究会助成による成果の一部である。

承ネットワーク協議会が定義する震災伝承施設には，ミュージアムだけでなく，伝承碑，看板，防災緑地など多様なものが含まれる。同協議会はそれらを次の基準により，三つに分類している。

　すなわち，前記①〜⑤の条件を満たし，かつ「公共交通機関等の利便性が高い，近隣に有料又は無料の駐車場がある等，来訪者が訪問しやすい施設」が第2分類，そのうちさらに「案内員の配置や語り部活動等，来訪者の理解しやすさに配慮している施設」が第3分類である。第2分類，第3分類の条件を満たさない震災伝承施設が第1分類となる。

　震災伝承施設の一覧を見ると，この第3分類に区分されている施設が，ミュージアムといわれるもののイメージに近い。登録されている福島県内の第3分類の施設は，表5-1の①〜⑬である（原発事故よりも津波被害に焦点をあてているものを含む）。

　震災伝承ネットワーク協議会が登録しているもの以外にも，伝承施設は存在する。ここでは⑭〜⑲を掲げた。以下では，これら19施設のうち5施設（⑤⑨⑭⑰⑱）について，先行研究なども交えながら現状と課題をまとめることにしたい。5施設を選んだ理由は，ある程度の先行研究等が蓄積されているか，筆者自身が訪問調査を重ねていることである。⑤と⑨については，関係者への聞き取り調査を実施できていないため，先行研究等（報道記事を含む）の紹介を中心とすることにしたい。

　一口に公害資料館や伝承施設といっても，その設立・運営主体の性格（特に公的施設か民間施設か）によって，展示内容に差が生じることは知られている（後藤，2017：27-28）。本章の事例においても，この視点は重要である。菅豊が述べるように，震災伝承施設の設立・運営が「官」中心になるのは避けられないし，そのことを

---

2) http://www.thr.mlit.go.jp/shinsaidensho/youkou.html （最終閲覧日：2022年12月12日）。震災伝承ネットワーク協議会は，「岩手県，宮城県，福島県で整備する復興祈念公園及び青森県，岩手県，宮城県，福島県，仙台市において整備または整備を今後検討される震災伝承施設等を含め，震災伝承をより効果的・効率的に行うためにネットワーク化に向けた連携を図り，交流促進や地域創生とあわせて，地域の防災力強化に資することを目的」とする。構成員は次の通りである。国土交通省東北地方整備局：局長（会長），企画部長（副会長），建政部長。青森県：県土整備部長。岩手県：県土整備部長，復興局長。宮城県：震災復興・企画部長，土木部長。福島県：企画調整部長，土木部長。仙台市：まちづくり政策局長，都市整備局長。
　　このように，震災伝承ネットワーク協議会は「官主導」のネットワークである。これに対し，「民主導の震災伝承活動の広域ネットワーク」として「3.11メモリアルネットワーク」がある（佐藤，2021：77）。

表 5-1　福島県内の伝承施設

注：震災伝承ネットワーク協議会や各施設のウェブサイト，報道記事などにより作成。
出所：除本（2021：154）表1に加筆。

名称（所在地）	施設概要
①アクアマリンふくしま（いわき市）	館の被災状況や再オープンまでの道のりをシアター等において説明（団体対象・事前予約制）。地震による地盤沈下で擁壁の高さが変化した様子など，施設復旧後もなお残る震災の爪痕を見ることができる。
②いわき市ライブいわきミュウじあむ「3.11 いわきの東日本大震災展」（いわき市）	いわき市内の震災当時の状況や復旧・復興に向けての歩みを展示パネル，映像で紹介。
③いわき市地域防災交流センター久之浜・大久ふれあい館（いわき市）	館内の防災まちづくり資料室で，震災発生時の状況や体験を映像やパネルで紹介。
④相馬市伝承鎮魂祈念館（相馬市）	震災によって失われた相馬市の「原風景」を後世に残し，遺族の心の拠点としていくとともに，震災で得た経験や教訓を風化させず子どもたちへ伝承する。
⑤福島県環境創造センター交流棟「コミュタン福島」（三春町）	放射線や環境問題を身近な視点から理解し，環境の回復と創造への意識を深めてもらうための施設。
⑥城山公園（白河市）	史跡小峰城跡は震災により 10 か所の石垣が崩壊するなどの被害を受けた。震災発生から石垣再生までの経過を，公園内やガイダンス施設「小峰城歴史館」で伝えている。また，ガイドによる震災復興の解説・案内を行っている。
⑦みんなの交流館　ならはCANvas（楢葉町）	施設の一部に，被災家屋の木材や解体された小学校の椅子等が再利用され，震災を伝える工夫がなされている。パネル展示等で，震災がもたらした現実と復興の歩みを伝えている。
⑧いわき震災伝承みらい館（いわき市）	地震，津波に加え，原発事故が重なる複合災害に見舞われたいわき市の震災経験を捉えなおし，震災の記憶や教訓を風化させず後世へと伝えていくことを目的とした施設。
⑨東日本大震災・原子力災害伝承館（双葉町）	震災関連資料「収集・保存」，複合災害に関する「調査・研究」，それらを活かした「展示」，複合災害の経験・教訓を伝える「研修」の4事業とともに，福島イノベーション・コースト構想における情報発信拠点として地域交流の促進に取り組む。
⑩ふたばいんふぉ（富岡町）	復興途上にある福島県双葉8町村の現状を共有し，広く伝えるため，民間団体である双葉郡未来会議が運営者となって開設。同団体の活動やつながりをもとに，単なるアーカイブ施設ではなく，住民目線での捉え方，伝え方を住民自らが発信する。
⑪ National Training Center J ヴィレッジ（楢葉町）	センターハウス1階「J-VILLAGE STREET」では，オープンから震災発生時の状況，原発事故収束拠点になった期間のこと，全面再開までの歩みなどを展示。4階展望ホールでは，映像中心のコンテンツを提供。
⑫震災遺構浪江町立請戸小学校（浪江町）	被災した学校のありのままの姿を見ることで，災害の恐ろしさや備えとしてどのようなことが必要かなどを考えてもらう。また，被災者の体験談の映像により，災害を自分ごととして捉えるよう促すとともに，その経験を後世にも伝えていく。

表 5-1 福島県内の伝承施設（続き）

名称（所在地）	施設概要
⑬とみおかアーカイブ・ミュージアム（富岡町）	震災の初期対応，原子力災害と全町避難，地域の自然や民俗などを展示や映像で紹介。震災を町の歴史の一部として位置づけ，地域や町民の暮らしがどう変わったかを伝える。
⑭福島県立博物館（会津若松市）	震災に関する物品（モノ），それがどんな環境に置かれていたか（場所），そこに至る経緯や背景（物語）が一体になった資料としての震災遺産を保全している。毎年3月11日前後の時期に展覧会も開催。
⑮原発災害情報センター（白河市）	福島原発事故に関連する資料の調査・収集・保管，展示・発信，人びとの交流の場の提供という3つの事業。
⑯東京電力廃炉資料館（富岡町）	事故の記憶と記録を残し，反省と教訓を社内外に伝承。長期に及ぶ廃炉事業の全容と進捗を可視化し発信。
⑰伝言館（楢葉町）	宝鏡寺境内に早川篤雄住職が私費を投じて建設。在野の目線で事故の被害や教訓を伝える。原発推進を謳う旧科学技術庁のポスターや除染の写真，汚染水や震災関連死についての説明パネルなど約100点を展示。館脇には約30年間，東京の上野東照宮境内で灯されてきた「非核の火」も移設。
⑱原子力災害考証館 furusato（いわき市）	いわき湯本の旅館「古滝屋」当主が宴会場を改装して開設。民間の公害資料館「水俣病歴史考証館」などを参照している。被害の克服に向けた草の根の取り組みを展示。
⑲人の駅 桜風舎（郡山市）	NPO法人「富岡町3・11を語る会」が運営。「語り人」の活動や，富岡町民と避難先住民の交流など。

　否定すべきでもないが，複雑な加害 - 被害関係をはらむ問題においては，教訓の解釈権を「官」が手放そうとせず，コントロールしようとする傾向があるからだ（菅，2021）。だからこそ，多様な解釈を許容し，多視点性に基づく教訓の検証と継承を可能にするために，民間施設の果たす役割が大きいのである。

2 公的施設の現状と課題

2-1 東日本大震災・原子力災害伝承館

　公的施設のみならず，福島県の伝承施設のなかでも中心的な存在が，2020年9月20日に開館した東日本大震災・原子力災害伝承館（以下，伝承館）である（図5-1）。福島県が建設し，指定管理者の公益財団法人 福島イノベーション・コースト構想推進機構が運営する施設だ。総工費は約53億円で，全額が国の交付金で賄われた[3]。

　ジャーナリストの牧内昇平は，伝承館の問題点を多角的に検討している（牧内，2021）。そこでまず挙げられているのが「公開性」の問題である。具体的には，展示内容を議論した福島県の「資料選定検討委員会」の議事録が非公開だったこと（批

図 5-1　東日本大震災・原子力災害伝承館（2021 年 5 月 20 日，出所：除本撮影）

判を受けて 2020 年 10 月 22 日に公開）[4]，そして展示フロアが撮影禁止とされていたことである[5]。

　展示の内容についても，当初から様々な批判があった。例えば，開館翌日の『朝日新聞』は「伝承館 乏しい原発事故教訓」という見出しを掲げ，「展示や説明がない主な記録や教訓」として，「国や東電が津波対策を怠った経緯」「「人災」の文言」「国や東電の情報発信」「損害賠償」「電源三法交付金」「佐藤雄平前知事の県産米安

3）東京新聞 Web「「撮影禁止」の福島県・原子力災害伝承館　双葉町の展示要望には応じず」2020 年 11 月 4 日〈https://www.tokyo-np.co.jp/article/66233（最終閲覧日：2022年 12 月 12 日）〉。

4）公開されたのは箇条書きの議事概要にすぎず，全 6 回分のうち，1，2 回目は発言者の記載がない。録音データは県が消去したという（『朝日新聞』2020 年 10 月 24 日付朝刊）。同委員会をめぐっては，『政経東北』2019 年 1 月号（第 48 巻第 1 号）に「アーカイブ施設資料選定委員委嘱で謎の決定覆し」という記事が掲載されたことがある。福島大学の元教授に，いったん委員委嘱がなされたものの，あとから取り消されたという問題で，事実経過自体は福島県の担当課も認めている。記事は，この元教授が行政の事故対応や政策に批判的であったことから，県にとって不都合な資料を見られないように委員から外したのではないかという推測を述べている。真偽はわからないが，「展示の選定基準や選定委員は公表しておく必要がある」（54 頁）という記事の指摘は妥当であろう。

5）伝承館ウェブサイトによれば，現在は「現物資料，壁面等の説明資料は撮影可能」となっている。ただし「映像（動画）資料の撮影，録音」は禁止されている〈https://www.fipo.or.jp/lore/usage-guidance#request（最終閲覧日：2022 年 12 月 12 日）〉。

全宣言」の6点を列挙している。

　記事では次のように述べられている。「伝承館では福島第一原発の模型を展示するが，津波対策の不備についての説明はない。」「また，事故直後に住民の不信を招いた国や東電の情報発信のあり方についての説明も欠けている。当時の東電社長が「炉心溶融」という言葉を使わないよう社内に指示した「メルトダウン隠し」や，当時の官房長官が「ただちに健康に影響を及ぼす（放射線量の）数値ではない」と繰り返したことは被災地で不信を招いた「教訓」だが，伝承館での展示説明はない。」「予測結果の公表が遅れたSPEEDI（緊急時迅速放射能影響予測ネットワークシステム）は館内のパネルで「国は予測結果を県災害対策本部に送信したが，情報を共有することができなかった」などと説明するが，批判が集中した公表遅れへの言及はない。」「「事故前の暮らし」コーナーでは，原発がもたらした雇用など地元への経済効果を説明するが，国から自治体に流れた電源三法交付金の説明がない。交付金でインフラ整備が進む一方，維持費の負担が大きく町の財政悪化を招き，さらに原発依存を深める「副作用」もあった」[6]。

　これら以外に，避難指示区域外からのいわゆる「自主避難者」への言及がほとんどないことも指摘されている（牧内，2021：60）。「官製伝承」[7]などと揶揄されたように，総じて国や県にとって都合の悪いことには触れず，「復興」を過度に強調しているのではないか，という批判を受けたのである。このことに関して今井照は，「失敗の伝承」を忌避した結果，「伝承の失敗」がもたらされた，と批判している（今井，2021）。

　また，伝承館では「語り部口演」が毎日行われている。これについても，伝承館が語り部に対し，国，福島県，東京電力など「特定の団体」を批判しないよう求めていることが報じられ，問題となった。

　『朝日新聞』の取材に対し，福島県から出向している伝承館の企画事業部長は「国や東電，県など第三者の批判を公的な施設で行うことはふさわしくないと考えている」と回答した。記事によれば，開館前に行われた語り部の研修会で「東電の責任をどう思うか質問されたらどうすればいいのか」との質問が出た際，伝承館側は「職員が代わりに答える」と回答を控えるよう求めたという。また，口演内容は事前に原稿にまとめ，伝承館が確認・添削し，「特定の団体」を批判した場合などは口演

6）『朝日新聞』2020年9月21日付朝刊。
7）『朝日新聞』2021年3月1日付朝刊。

を中止して，語り部の登録から外すこともある旨の説明もあったという。語り部の
マニュアルには，報道関係者から取材要請があった際には伝承館側へ連絡・相談を
することも書かれていた[8]。

　こうした批判・指摘を受けて，福島県は 2021 年 3 月 2 日，伝承館の展示内容を見
直すと発表した。そして，伝承館は同 24 日までに，事故前の対策不備や関連死をは
じめ，これまで不足していた内容について，写真や説明パネルなど約 70 点を追加し
公開した。双葉町中心部に掲げられていた「原子力明るい未来のエネルギー」の標
語看板も，伝承館 1 階の屋外テラスで実物展示がはじまった（その後，2021 年 8 月
にレプリカに変更）。この看板は事故後，安全神話を象徴する「負の遺産」として知
られるようになり，町などが実物展示を求めていたのだが，写真展示にとどまって
いたものである。伝承館は今後も，展示の見直しや更新を実施する予定だという[9]。

2-2　福島県環境創造センター交流棟（コミュタン福島）

　同じく公的施設として，福島県環境創造センター交流棟（コミュタン福島）があ
る（図 5-2）。同センターは，福島県が国の予算措置約 200 億円を得て 2016 年に整
備したもので（後藤，2017：28），本館・研究棟・交流棟（コミュタン福島）の 3 棟，
および四つの関連施設からなる。

図 5-2　コミュタン福島（2021 年 4 月 18 日，出所：除本撮影）

8）『朝日新聞』2020 年 9 月 23 日付朝刊。
9）『朝日新聞』2021 年 3 月 3 日付朝刊，同 25 日付朝刊。
　また，2021 年 3 月 19 日開催の伝承館「有識者懇談会」資料 6「展示の充実」なども参
　照。〈https://www.fipo.or.jp/lore/archives/1418（最終閲覧日：2022 年 12 月 12 日）〉。

　コミュタン福島のウェブサイトでも示されているように，館内の展示は次の六つ
のエリアに分かれている。「ふくしまの3.11 から」「ふくしまの環境のいま」「放射
線ラボ」「環境創造ラボ」「環境創造シアター」「触れる地球」[10]。

　この展示内容について，福島大学の後藤忍が批判的検討を行っている。後藤は，展
示の説明文などを写真撮影してテキスト・マイニングを行い[11]，国会事故調の報告
書と比較して特性を検討した。得られた結論は，次の通りである（後藤, 2017：40）。

　①　国会事故調の報告書において福島県の事故対応における問題点や教訓に関す
　るキーワードとして多く記載された「ヨウ素剤」,「避難指示」,「服用指示」,「WBC
　〔ホールボディカウンター〕」,「SPEEDI」,「スクリーニング」,「緊急時モニタリン
　グ」,「地域防災計画」,「オフサイトセンター」などは，コミュタン福島の展示説明
　文ではほとんど記述されていなかった。
　②　放射線教育の観点からは，コミュタン福島の展示において，放射線の基礎的
　な内容に関する情報は多く，子ども達が放射線について楽しく学べるように工夫
　されていた。一方，子どもの被ばく感受性や被ばくによる「死」，原発事故の際の
　「安定ヨウ素剤」の服用などは説明されていなかった。また，汚染の程度や被ばく
　による人権侵害の状況について判断するために必要となる「放射線管理区域」など
　の基準もほとんど説明されていなかった。
　③　人権教育の観点からは，行政の不適切な対応による加害責任にはほとんど触
　れられず，「知的理解」〔「人権感覚」と並んで重視される内容〕に該当する「原発
　事故子ども・被災者支援法」などの法律についても説明されていなかった。

　以上のように後藤は，東京電力や国，福島県の「加害」責任，あるいは放射線の
危険性の説明[12]などに関して展示内容に大いに改善の余地があることを指摘した。
コミュタン福島は，伝承館より4年前に開館している。後藤はこの2017年の論文
で，今後開設される予定の伝承館に対し，こうした点の改善を期待すると述べてい
た（後藤, 2017：40）。しかし前述の経緯をみれば，伝承館は同じ「官製」施設とし

10）コミュタン福島「展示室ガイド」〈https://www.com-fukushima.jp/exhibit/exhibit_00.
　　html（最終閲覧日：2022年12月12日）〉。
11）撮影時点は2016年7月13日，7月23日，12月1日であり，その間に展示内容が変わ
　　った部分は最新のものを使用し，テキスト・データ化した（後藤, 2017：31）。
12）後藤（2018：141-142）も参照。

てコミュタン福島と同様の問題を抱えてしまい，そのことによって強い批判を浴びた結果，展示の見直しを余儀なくされたことがわかる。

3 福島県立博物館の震災遺産展示

3-1 「震災遺産」というコンセプト

　震災伝承ネットワーク協議会において登録されていない伝承施設として福島県立博物館（以下，県博）を挙げることができる。県博は公的施設でありながら，これまでみてきた「官製伝承」とは異なる展示を行っているため，節をあらためて記述したい。

　県博はいうまでもなく，福島原発事故に焦点を絞った展示施設ではないが，2014年度から震災遺産の保全活動を継続している。当初3年間は，県博も加わる「ふくしま震災遺産保全プロジェクト実行委員会」が組織され，文化庁の補助金を受けて保全活動が行われた。2017年度からは県博単独の事業となっている（福島県立博物館，2021：118）。現物資料は2017年1月までで約2000点を収集した（内山，2019：115）。毎年3月11日前後の時期には展覧会が開催されている。

　保全活動の開始時においては，何をどこまで集めるのか，その対象をどう命名・定義するかが議論された。そのなかから「震災遺産」というコンセプトが立ち上がってきたのだが，そこでのポイントは二つある。一つは，モノを中心としながらも，場所や景観，写真や映像記録，自然史資料などを含み，「資料」「遺構」よりも広い対象をカバーするという点である。もう一つは，地域社会のなかで活用され，未来に引き継がれるという意味で「遺産」（ヘリテージ）であるという点だ（内山，2019：114）。ここから，県博が収集対象の「意味づけ」を強く意識していることがうかがわれる。また，そうした検討の蓄積があるからこそ，公的施設ではあるものの，県博の震災遺産展示は「官製伝承」とまったく異なるものになっているのだろう。

3-2 双方向コミュニケーションを促す

　筆者は，2019年2月16日〜4月11日開催の特集展「震災遺産を考える」，2021年1月16日〜3月21日開催の企画展「震災遺産を考える──次の10年へつなぐために」（図5-3）を見る機会を得た。2021年の企画展は「第1部　東日本大震災を考える」「第2部　震災遺産から考えたこと」「第3部　震災遺産が伝えること」の3部構成であった。第2部の冒頭では次のように趣旨が説明された。「被災地の関

84

図 5-3　県博企画展「震災遺産を考える──次の 10 年へつなぐために」
（2021 年 3 月 3 日，出所：除本撮影）

係者とともに，当館は震災遺産保全プロジェクトに取り組みました。震災遺産を収集する時，現場で学芸員が何を考えていたのか。集めた震災遺産をどう読み解いたのか。その過程を紹介します」。

　では，学芸員たちはどのような点に心を砕いたのか。県博震災遺産保全チームによる「活動理念」にも示されているように，「震災に関する物品（モノ）」だけでなく，「それがどんな環境に置かれていたのか」「そこに至るまでの経緯や誰のどんな経験が背景にあるのか（物語）」を含めて調査収集するというのが基本方針である（福島県立博物館, 2021：126）。そのため，モノ資料とともに「場所解説」「人物紹介」のパネルが随所に配置されている。

　印象に残る展示物の一つが，牛にかじられた牛舎の柱のレプリカであった。避難指示で人間がいなくなり，餌のなくなった牛が空腹のあまり柱をかじったのだという [13]。間近で見ると，滑らかなへこみと木の質感がわかり，そのときの光景がありありと思い浮かぶ。横には「場所解説」のパネルが付され，牧場主が償いのために「無念」の石碑を敷地内に建てたことや，そこに至る本人の思いがインタビューにより記されている（福島県立博物館, 2021：116）。

　気づくのは，それらのパネルに学芸員らの名前が文責として記載されていることだ。これは伝承館などにはない特徴である。筆者はこれによって，パネルの記述が執筆者のメッセージとして立ち上がってくる感覚をおぼえた。主任学芸員の内山大介は，県博の今後のスタンスとして，次の二つの方向性が必要だと述べている。す

13）後藤忍は，伝承館で「展示されていないが，本来展示すべきもの」として，「一斉避難で取り残された牛が空腹のあまりかじってボロボロになった柱」を挙げていた（『政経東北』2020 年 12 月号（第 49 巻第 12 号）25 頁）。

なわち，震災遺産に対する一定の解釈を通じて，県博の伝えたい「地域像」「災害像」を明確に提示するとともに，他方で，ある種の「フォーラム」として，多様な解釈の間での開かれた双方向コミュニケーションを促進することだ（内山，2019：122-125）。パネルにおける文責の記載は，こうしたコミュニケーションを活性化させるうえで有効だと思われる。

4　民間施設は何をめざしているか

4-1　原子力災害考証館 furusato

原子力災害考証館 furusato（以下，考証館）は，いわき湯本温泉の老舗旅館「古滝屋」に 2021 年 3 月 12 日に開設された。震災・原発事故で客が減り，使われなくなった約 20 畳の宴会場を改装したものである。開設日は，福島第一原発 1 号機の原子炉建屋が水素爆発を起こした日にあたる。古滝屋 16 代目の現当主・里見喜生が約 7 年間，構想を温めてきた。「公的な伝承施設ではすくい取れない「声なき声」を発信する」ことが重視されており，「官製」施設との差別化が強く意識されている[14]。考証館という名称は「水俣病歴史考証館」（熊本県水俣市にある民間の公害資料館）からとられた。

「声なき声」とは，政府やマスメディアなどが強調する「復興」のストーリーにかき消されがちな，人びとの営みや声のことである。しかし，考証館の限られたスペースにすべてを展示することはできない。したがって考証館では，訪問者が自らそれらの人・活動・施設につながっていけるように，糸口を提供することをめざしている。表5-2 は，考証館が展示すべき内容を 11 項目に整理し，それぞれに関連する取り組み事例を併記したものである。

考証館の館長は現当主が兼ねており，資料の収集や展示の作成は，運営委員会がボランティアで担っている。メンバーはアーキビスト，弁護士，大学教員，NPO スタッフなどで，2020 年 6 月時点では約 10 名であった（鈴木・西島，2020a：14）。資料収集・展示だけでなく，意見交換会や被災地をめぐるスタディーツアーなども企画する。

---

14) 河北新報 Online News「原子力災害，地域の「声なき声」発信 いわきの老舗旅館に伝承施設」2021 年 3 月 3 日〈https://kahoku.news/articles/20210303khn000025.html（最終閲覧日：2022 年 12 月 20 日）〉。

表 5-2　考証館の展示 11 項目（暫定）

注：運営委員会の議論を踏まえた暫定的なまとめ。出所：鈴木・西島（2020a：17）の表より作成。

項目	関連する取り組み例
①測る：土壌，農産物・海産物，空間線量等の測定	たらちね，みんなのデータサイト，うみらぼ，有機農家
②対話する・コミュニティづくり：市民・事業者・行政などの人々が問や想いを共有する場	未来会議
③伝える・遺す：報道と伝承。動画配信，防災・放射線教育，ボイスアーカイブ，語り部，市民団体の作成した冊子等	教育現場の取り組み，3.11 メモリアルネットワーク，富岡インサイド，双葉郡未来会議，その他市民メディア等，多岐にわたる
④申立てる：数々の裁判の内容と結果，そこにある想いや課題	東電刑事裁判，避難者訴訟，脱原発訴訟，ADR，原発メーカー訴訟等
⑤学ぶ：人材育成・教育。事業者や行政のスタッフ育成の取り組み	ふたば未来学園，その他事業者
⑥守る（母子・障がい）：子育て層や障がい者に対する支援，保養	ビーンズふくしま等，多数
⑦避難支援する：避難した方々への支援	新町なみえ等
⑧支える（支援）：社協と連携した取り組み等	中間支援組織
⑨表現する：アート	はじまりの美術館
⑩耕す：農家の取り組み	菅野正寿さん，根本洸一さん，がんばろう福島，農業者等の会，等
⑪その他：NGO 等のエネルギー政策に関する提言など	都内の環境 NGO，市民シンクタンク等

　考証館は畳敷きの一室であり（現在は後述のように向かいの部屋にもスペースを拡張），展示ケースなどはなく，靴を脱いであがると展示物を間近に見ることができる（図5-4）。奥には原子力災害関連の書籍コーナーがあり，座ってゆっくり読むこともできる。

　2022 年 4 月の訪問時には，浪江町で建物が解体され，商店街のまちなみが変化していく様子を示したパノラマ写真や，大熊町で津波に襲われ，長い間行方不明だった少女の遺品（遺族の手でレイアウトがなされた）などが展示されていた。また，東京電力や国の責任を問う集団訴訟に関する展示もあった。さらに開設時よりもスペースが拡張され，向かいの 1 室に，除染土壌などを運び込む中間貯蔵施設に関する展示も増設された。これは施設用地の地権者会（30 年中間貯蔵施設地権者会）の協力を得たもので，同会は国の方針通りにふるさとの土地を売り渡したくないとい

図 5-4　考証館の入口と内部（2021 年 5 月 20 日，出所：除本撮影）

う地権者の思いを出発点として活動してきた。

　このように考証館の特徴は，政府の示す「復興」一辺倒ではなく，被災当事者の目線による展示を重視するという点にある。しかしこれは，特定の立場に固執することとは異なる。運営委員会メンバーから何度も聞かれた言葉が「対話」であった。これまでの公害問題でもみられたように，多様な立場の主体が議論を重ねることで「よりオープンでフラットな考証」へとつながり，「加害・被害という言葉がいつか対話・赦しというプロセスへと向かう」ことを長期的にはめざしているのだという（鈴木・西島, 2020b：11）[15]。これは第 2 章で述べた「多視点性に基づく開かれた対話」と同じである。

　加えて考証館は，いわき湯本温泉とその歴史を象徴する老舗旅館のなかに存在することに意味がある。古滝屋 1 階には，地域に開かれたラウンジがあり，いわきの歴史・文化や東日本大震災などに関する書籍・資料が配架されていて，自由に手に取ることができる。このラウンジを考証館の入口とみることもできるだろう。

　館内には，古滝屋の前身「滝の湯」が 1695 年に開湯して以来の，湯本温泉の歴史を記した年表も掲げられている。原発事故は，この歴史のなかで積み重ねられてきた「地域の価値」（第 2 章参照）を毀損した。しかし人びとは，地域の再生に向けて歩みを進めている。考証館は，そうした地域の歴史と一体になった展示室なのである。

15）本章のもとになった除本（2021）の草稿にコメントを求めた際，引用文献の執筆者の 1 人である運営委員会メンバーは，文中では「対話・赦し」のみが記載されているが，さらに「お詫び」という要素も付け加えたほうがよいと述べた。

4-2 伝言館

伝言館は，楢葉町の宝鏡寺境内にある（図5-5）。館長の早川篤雄住職が，賠償金などの私費を投じて建設したものである。館の脇には，「原発悔恨・伝言の碑」が建てられ，あわせて上野東照宮境内で約30年間ともされてきた「非核の火」も移設されている。2021年3月11日の開設に際しては，130人が参加して式典が開かれた。

伝言館は木造で二つのフロアがある。1階の第1展示室は「原発関係」で構成されており，旧科学技術庁の原発推進ポスター現物，原発事故や汚染水問題に関する写真，説明パネルなどが設置されている。早川館長が長年，原発反対運動に取り組んできたため（関, 2018；松谷, 2021），関連の運動資料の一部も展示されている。地下の第2展示室は「核兵器関係」で構成されており，広島・長崎の原爆被害や，アメリカの水爆実験で被ばくした第五福竜丸に関する展示が配置されている。

他の施設にはない伝言館の特徴として，次の2点が挙げられる。第一は，早川らが行ってきた約40年に及ぶ原発反対運動を顕彰する場だということである。早川らの運動は，1975年に福島第二原発設置許可処分取消訴訟を提起するに至ったが，1992年に最高裁で敗訴している。早川は原告団事務局長を務め，敗訴確定後も運動を継続してきた。その主張が間違いでなかったことは，福島原発事故で図らずも明らかになったのである。

第二は，早川らの運動によって培われてきた人的ネットワークに依拠して，展示がつくられていることである。早川の活動を支援してきた研究者に，安斎育郎（立命館大学名誉教授）がいる。安斎は伝言館の副館長にも就いており，1階の展示を

図5-5　伝言館（2021年5月20日，出所：除本撮影）

監修している。また安斎自身に関する展示もある。地下の原爆被害や第五福竜丸の展示は，安斎らのつながってきたそれぞれの関係者から提供されたものである。

このように伝言館は，早川らが研究者から支援を受けつつ，学習しながら原発批判の活動を継続してきた歴史を伝えるとともに，反核平和の課題にまで広がる運動のネットワークを展示で表現している。これは公的施設のみならず，他の民間施設とも一線を画した特徴であろう。

5　民間施設の意義と役割

最後にまとめとして，民間の伝承施設の意義と役割について述べたい。

暮沢剛巳は，展覧会の企画・実施を含む広義の「キュレーション」を「本来個人単位の営為」だとする。これに対して，伝承館や東京電力廃炉資料館などにみられる「「国策」のキュレーション」は「個人の主義主張よりは国家の意向を反映して情報の取捨選択を行うこと」と定義される。暮沢は，本来のキュレーションと「国策」のキュレーションが相反することを認めつつも，後者を全面的に否定はせず，（原発の事例からではないが）個人の主義主張と国策とのせめぎあいや妥協を，どちらかというと肯定的に描いている（暮沢, 2021：229-230）。

しかしそれは，あくまでキュレーターの側に最終的な「取捨選択」権があり，妥協したとしてもその説明責任を引き受けられる限りにおいてであろう。本章でみた伝承館のケースでは，展示内容の決定プロセスが不透明であり，資料選定検討委員会で提案された事項でも展示から漏れていたものがあるのだが[16]，その際の取捨選択の基準は明示されていない。また，伝承館の展示が発するメッセージは，県博と異なり責任の所在が明らかでなく，強い匿名性を帯びている。そもそも，展示に関するコンセプトをきちんと説明できるのであれば，批判を受けてすぐに追加や更新を行う必要はなかっただろう（もちろん展示の改善自体は悪いことではないが）。

16)　前掲『朝日新聞』2020 年 10 月 24 日付朝刊。
17)　『朝日新聞』2021 年 5 月 24 日付社説も，民間の伝承施設の役割に注目している。
18)　「対話」の場の一例として，いわき市に事務局を置く「未来会議」がある（表5-2 にも記載）〈http://miraikaigi.org/（最終閲覧日：2022 年 12 月 20 日）〉。
　　伝承活動を担う団体も複数あるが，例えば，2012 年から活動する「いわき語り部の会」は 2021 年 2 月に証言集を発行した（いわき語り部の会, 2021）。また，「もうひとつの福島再生を考える」という理念を掲げて，被災経験や大熊町の現状などをオンラインで配信する「大熊未来塾」の取り組みも注目される。

　他方，民間の伝承施設は，「官製」施設とは異なる視角から，原発事故の教訓を提示しようとしている[17]。特に伝言館の場合は，原発反対運動を継続してきた館長らの主張が鮮明にあらわれている。こうした民間施設の発信力は「官製」施設に比べて小さくなりがちだが，民間施設がいくつもできれば，相乗効果を発揮するのではないか。また，伝承施設にとどまらず，様々な立場の個人による「対話」の場づくりや，被災経験を次世代に伝える取り組みなども存在するので，それら相互の連携を進めることが重要であろう[18]。

　官民を含め，複数の伝承施設が分立するのは多様性の観点からして悪いことではないし，公的施設の現状をみれば，民間施設の果たすべき役割はむしろ非常に大きい。したがって，財政や人的側面で民間施設のサステナビリティを担保するための方策を，今後検討すべきであろう。

【引用・参考文献】

今井　照（2021）．「失敗の伝承，伝承の失敗——原発事故の経験から」『年報行政研究』*56*: 73-96.

いわき語り部の会（2021）．『いわき語り部の会証言集』

内山大介（2019）．「震災・原発被災と日常／非日常の博物館活動——福島県の被災文化財と「震災遺産」をめぐって」『国立歴史民俗博物館研究報告』*214*: 103-129.

暮沢剛巳（2021）．『拡張するキュレーション——価値を生み出す技術』集英社.

後藤　忍（2017）．「福島県環境創造センター交流棟の展示説明文の内容分析」『福島大学地域創造』*28*(2): 27-41.

後藤　忍（2018）．「福島の教訓をどう伝えるか」『世界』*906*: 135-143.

佐藤翔輔（2021）．「災害の記憶を伝える——東日本大震災の災害伝承」『都市問題』*112*(3): 73-83.

菅　豊（2021）．「災禍のパブリック・ヒストリーの災禍——東日本大震災・原子力災害伝承館の「語りの制限」事件から考える「共有された権限（shared authority）」」標葉隆馬［編］『災禍をめぐる「記憶」と「語り」』ナカニシヤ出版, pp.112-152.

鈴木　亮・西島香織（2020a）．「そうだ！ぼくらの考証館を作ろう　第1回」『月刊むすぶ』*593*: 6-18.

鈴木　亮・西島香織（2020b）．「そうだ！ぼくらの考証館を作ろう　第2回」『月刊むすぶ』*596*: 6-18.

関　礼子［編］（2018）．『［記録］聞き書き　むら人たちは眠れない——早川篤雄と原発の同時代史』関礼子研究室／16K04108 科研費基盤研究（C）「災害経験と被害の社会的承認——環境社会学の視点から」（代表・関礼子）

竹沢尚一郎［編］（2015）．『ミュージアムと負の記憶——戦争・公害・疾病・災害：人類の負の記憶をどう展示するか』東信堂.

福島県立博物館（2021）．『震災遺産を考える——次の10年へつなぐために』（図録）

牧内昇平（2021）．「「伝承館」はなにを伝えようとしているのか」『政経東北』*50*(1): 56-61.

松谷彰夫（2021）．『裁かれなかった原発神話——福島第二原発訴訟の記録』かもがわ出版.

除本理史（2021）．「福島原子力発電所事故に関する伝承施設の現状と課題」『経営研究』*72*(2): 153-164.

第6章
記憶を伝える場としてのミュージアム

国際的な潮流を踏まえて

栗原祐司

1 博物館とは

　2022年，ロシアによるウクライナ侵攻が行われ，21世紀においてすら戦争の惨禍が現実のものとなっていることに驚愕と遺憾の念を禁じ得ない。世界各地に多くの平和を祈念する博物館があり，過去の過ちを繰り返さないというメッセージが発せられているにもかかわらず，いまだその努力が足りないということなのだろうか。

　「平和のための博物館国際ネットワーク」の元代表であるピーター・ヴァン・デン・デュンゲン博士によれば，日本は「世界で平和博物館運動がある唯一の国」であり（山根，2018），実際筆者の把握している限り，少なくとも全国各地に50館は平和のための博物館が設置されている。その多くは第二次世界大戦における原爆，空襲等の被災地に設置されたものだが，戦災は人種差別や独裁政治，ホロコースト等の人権問題とも密接に関わるため，その活動内容は様々であり，舞鶴引揚記念館（京都府舞鶴市）や満蒙開拓平和記念館（長野県阿智村），戦傷病者史料館（東京都千代田区）のような戦争に関連する博物館も平和を希求する施設であると考えられる。ただし，愛国心教育を主眼とするような，いわゆるプロパガンダ的な施設は対象外であることはいうまでもない。一方，原爆の図丸木美術館（埼玉県東松山市）やちひろ美術館（東京都練馬区）のように反戦平和のメッセージを有する美術館も，広い意味での平和のための博物館であるともいえる。設置主体も地方自治体や法人が設置するものや個人がボランティアで運営しているものなど多様である。

　これらの施設は，英語で言えばMuseumまたはMemorialで，日本語にすると博物館，資料館，記念館など様々で，本章でも統一はしていない。日本の博物館法では，「博物館」について名称独占をかけていないため，館の名称は設置者の判断で自由につけることができるからである。すなわち，「資料を収集し，保管（育成）し，展示して教育的配慮の下に一般公衆の利用に供し，その教養，調査研究，レクリエー

ション等に資するために必要な事業を行い，あわせてこれらの資料に関する調査研
究をすることを目的とする機関」（第1条）であれば，「博物館」たり得るのであっ
て，本章で述べる「記憶を伝える場としてのミュージアム」という概念は，法文上
からは読み取ることはできない。しかしながら，近年の国際的な議論では，博物館
は社会的な課題解決の場であるべきという考え方が主流になってきており，博物館
を単なる鑑賞や学習の場，専門家の解釈を受け取る場，いわんや観光・集客施設と
してのみ捉えるのではなく，対話の場，または既存の価値観や制度を問い直す場で
あるべきだという考えも出始めている。こうした議論は，主に世界の博物館専門家
の集まりである ICOM（International Council of Museums：国際博物館会議）で行
われており，本章では，まず ICOM における議論について述べることとする。

2 ICOM における議論

ICOM は，各国内委員会と各機能・専門分野別に分かれた国際委員会，地域連盟，
加盟機関から構成される博物館の専門家集団である。以下，ICOM に所属する組織
のうち ICMEMO，FIHRM，DRMC の活動について紹介する。

2-1 ICMEMO

ICMEMO（International Committee for Memorial Museums in Remembrance of
the Victims of Public Crimes：公共に対する犯罪犠牲者追悼のための記念博物館国
際委員会）は，歴史について信頼にたる記憶を培い，記録し，平和のために教育と
知識の活用を通じて文化的な協調を推進することをめざしている。加盟館の多くは，
ユダヤ人をはじめとするホロコーストに関する博物館のような犯罪がなされた歴史
的場所や生存する被害者が追悼のために選んだ場所に位置している。

　ドイツの例をいくつか挙げると，ピルナにあるゾンネンシュタイン記念館
（Gedenkstätte Pirna-Sonnenstein）は，ナチスが，ドイツ人の知的障害をもった子
どもや成人を集めて安楽死させた現場である。当時のガス室や焼却施設，遺体の安
置室等も保存されており，優生学思想に基づく政策の実態が詳細に展示されている。
記念館の隣には，知的障害者の福祉施設があり，そのことが強烈なメッセージを発
信している。ベルリンのバイエルン広場のあるシェーネベルク地区は，ベルリンの
中でももっともユダヤ人の住民が多くいたといわれており，男女のカップルのアー
ティストであるレナータ・シュティーとフリーダー・シュノックが作成した一見看

図6-1　「記憶の場所」のプレート（シェーネベルク地区） (出所：筆者撮影)

板のような「記憶の場所」のプレートが80か所掲げられている（図6-1）。これらは当時の人びとの記憶を疑似体験させることを目的としたもので，例えば，パン屋の前には，パンを描いた看板があり，「ユダヤ系住民は，午後4時から5時の間は食品を購入してはならない」という1940年当時の法律が掲示されている。戦場や虐殺の現場ではなく，都市の生活面での影響を記憶として保存しているのである。また，ベルリンからアウシュビッツに向かう列車が出た場所であるグルーネヴァルト駅には，今は廃線となっている17番線のメモリアルがあり，プラットホームの足元には，何月何日に何人運んだという記録が示されている。ドイツは，世界的にも博物館数の多い国だが，このように各地にある歴史の記憶も徹底的に残している。

　ところで，記憶は視覚だけでなく，時には聴覚や嗅覚によっても呼び起こされる。あまり良い例ではないが，沖縄陸軍病院南風原壕群20号（沖縄県南風原町）では，平和学習の場として活用するため沖縄戦当時の壕内の臭気を再現した。香りのデザイン研究所（埼玉県）に委託し，人体や環境に影響のない7種類の香料を使用し，ふん尿や動物性の臭いの香料を混ぜ合わせ，当時の壕内の臭いを記憶する元ひめゆり学徒隊や戦争体験者5人に協力を得て成分を調整したのである。若年者にとっては

やや刺激的だが，忘れられない記憶となるに違いない。音については，2017 年にスイス・チューリヒ郊外の町の中心部に住む夫婦が，教会が夜間も鐘を鳴らすことが生活の妨げになるとして中止を訴えたが，連邦最高裁判所は従来どおり鐘を鳴らすことを認める判決を出した。国民が静けさを求める権利は認めるものの，地方の伝統的な習慣も考慮しなければならないというのがその理由だが，日本でも，夕方になると寺院の鐘の音が響く地域があるように，音もまた日常生活の一部であり，歴史的遺産でもあることのあらわれであろう。

さて，2019 年 9 月に ICOM 京都大会が開催された際，来日した ICMEMO の関係者は，広島平和記念資料館（広島県広島市）を訪問した。同館こそ，日本を代表する「公共に対する犯罪犠牲者追悼のための記念博物館」にほかならない。また，大会前にはカンボジア・プノンペンにあるトゥールスレン虐殺博物館（Tuol Sleng Genocide Museum）を訪問した。旧高校校舎を活用した同館は，1976 年，クメール・ルージュ（カンボジア共産党）支配下の民主カンボジアにおいて政治犯収容所として使われた虐殺の現場であり，2 年 9 か月の間に 14,000 〜 20,000 人が収容され，そのうち生還できたのはわずか 8 人（現在身元がわかっているのは 7 人）のみであったという。館内は多言語による音声ガイドの案内を聞きながら発見時のままに保存されている拷問室等を回るように構成されており，たびたび「気分が悪くなられた方は，外のベンチでお休みください」というアドバイスが流れる。最後に，「今日，この施設を見たあなたは，記憶の保管者として，このことをほかの人にも伝えてください。次の世代にこの負の歴史を伝え続けることが，ここを訪れた者の使命です」と語りかけてきたのが印象的であった。同館の資料は UNESCO「世界の記憶」に登録されており，まさに「記憶を伝える場としてのミュージアム」となっている。

ICMEMO は，大会後には沖縄県も訪問した。対馬丸記念館（沖縄県那覇市）は，1944 年に学童集団疎開の子どもたち 1,476 人が犠牲になった対馬丸の悲劇を後世に伝えるために設立された博物館である。撃沈から 60 年も経過した 2004 年に開館したのは，当時の関係者が少なくなり，まさにこの歴史的事実を共有し，未来に正しく伝え継ぐことが必要だと考えたからであろう。ちなみに，この対馬丸を撃沈した米海軍潜水艦のボーフィン号は，現在わざわざハワイの真珠湾に，ボーフィン潜水艦博物館（USS Bowfin Submarine Museum）として一般公開されている。この両館を，日米の異なる視点で見学すると，展示には設置者の主観や政治性が強く反映されるということがわかるであろう。

　ICMEMO に加盟している施設のなかには，ニューヨークの 911 メモリアル＆ミュージアム（National September 11 Memorial & Museum）もある。2001 年 9 月に発生した同時多発テロ事件によって崩壊したワールド・トレード・センタービルの跡地が追悼施設を兼ねた博物館となっている。また，その 6 年前の 1995 年には，「オクラホマシティ連邦政府ビル爆破事件」というテロ事件が発生しており，やはりその場所にオクラホマシティ・ナショナル・メモリアル＆ミュージアム（Oklahoma City National Memorial & Museum）が整備され，跡地全体が追悼の場になっている。こうした記憶の場は，「その場所でなければいけない場所」（東，2017）であり，その場所をなくすということは，記憶を消すことにほかならない。公害に関する記憶も，過去の問題ではなく現在進行形のものとして捉え，記憶の場に資料館等を設置することなどを通じて，未来へつなげていくことが必要であろう。

2-2　FIHRM

　FIHRM（Federation of International Human Rights Museums：国際人権博物館連盟）は，2010 年に INTERCOM（International Committee for Museum Management：マネージメント国際委員会）から独立した ICOM の関連組織（Affiliated Organization）である。世界中からおよそ 100 館が加盟しており，日本からは水平社博物館（奈良県御所市）のみが加盟している。同館は，水平社結成の中心となった柏原の青年たちが住んでいた場所にあり，ここもまた記憶を伝える場としての博物館になっている。2022 年 3 月に全国水平社創立 100 周年にあわせてリニューアル・オープンし，国際的視野も踏まえたより俯瞰的な視点で人権を考えることのできる展示となった。

　FIHRM が対象とする人権博物館には，多様な対象が含まれる。例えば，大阪人権博物館（リバティおおさか）（休館中）では，同和，部落問題のみならず，在日韓国人，琉球，アイヌ，障害者，高齢者，ジェンダー，LGBT，DV，ハラスメント，児童虐待，ハンセン病，公害，HIV，AIDS，ホームレス等を対象としており，SDGs の実現が唱えられる以前からこうした問題に取り組んできた。2012 年の同館のリニューアルに際し，当時の大阪市長は，「差別や人権に特化されていて，子どもが夢や希望を抱ける展示になっていない」（『朝日新聞』2012 年 4 月 21 日付）と指摘したとされているが，博物館は，差別や人権について議論をする場でもあり，夢や希望を抱くことだけが博物館の役割ではないことは指摘しておく必要があるだろう。日本では，「人権資料・展示全国ネットワーク」（人権ネット）という組織が 1996 年

に発足しており，現在31団体・機関が加盟している。同和問題や部落関係の施設が多いが，平取町立二風谷アイヌ文化博物館（北海道平取町）や水俣病歴史考証館（熊本県水俣市）なども加盟しており，より幅広い人権に関する博物館ネットワークの構築が望まれる。

2014年に台湾・台北市で開催されたFIHRMとINTERCOMとの合同大会のエクスカーションでは，新北市にある國家人権博物館を見学した。同館は，戦後の国民党政府による「白色テロ」の現場であり，かつての台湾警備総司令部所属の軍事裁判所拘置所などが，そのまま「景美人権文化園區」として保存・公開されている。台湾にはもう一つ，戒厳令下で保安司令部や受難者を収監し，刑を執行した刑務所も置かれていた緑島があり，こちらも「緑島人権文化園區」として保存・公開されている。2019年のICOM大会の際に，FIHRM-ASPAC（アジア太平洋支部）が設立され，國家人権博物館に事務局が置かれた。台湾では，多くの先住民族もいるが，こうした政治的抑圧が人権問題として取り上げられることが多い。

2015年は，ニュージーランド・ウェリントンにあるテパパ国立博物館（Museum of New Zealand Te Papa Tongarewa）でFIHRMの年次大会が開催され，開会行事として，マオリの伝統儀式に基づき参加者が一人ひとり先住民と額をつけるセレモニーを行った。ここでの人権問題は，まさに先住民族対策であった。

2017年はアルゼンチン・ロサリオにある国際民主主義博物館（International Museum for Democracy）でFIHRMの年次大会が開催された。ここでの人権問題は，台湾と同じく軍事独裁政権における抑圧であり，アルゼンチンでは1976年から83年にかけて軍事独裁政権時代が続き，政府の公式発表によると，14,000人が強制的に失踪させられたとされている。ブエノスアイレスにある海軍工兵学校（エスマ）は，軍事独裁政権時代は最大の秘密刑務所であり，約5,000人の政治犯が収容されていたが，現在は人権博物館として一般公開されている。このほか市内には，政治犯を上空から生きたまま海に突き落として捨てたとされる，いわゆる「死のフライト」に関連する施設等も保存され，記憶が継承されている。

2018年は，カナダ・ウィニペグにあるカナダ国立人権博物館（Canadian Museum for Human Rights）で，COMCOL（International Committee for Collecting：コレクション活動に関する国際委員会）との合同で年次大会が開催された。ウィニペグは，移民の国・カナダの歴史において大きな意味を持つ町であり，新天地を求めてヨーロッパからやって来た人たちは，船でケベック・シティやモントリオールまで来た後，後世「移民列車」と呼ばれる列車に乗り換えて最後にこのウィニペグに到

着したのである。1967 年に開館し，2014 年にリニューアル・オープンした同館では，世界中の「ありとあらゆる」といっていい人権に関する展示を見ることができ，人類がこれまで何をしてきたかを考えさせられる。この博物館を見学することで，来館者は，世界各国で行われてきた迫害や差別について，過去を忘れず現代に活かす必要があることを改めて認識することができ，多様な民族と価値観を受け入れ，尊重し合うカナダらしい博物館といってもよいだろう。

　FIHRM-LA（ラテンアメリカ支部）委員長のスーザン・メデン氏は，この会議で，「All museums are potential human rights museums.」（すべての博物館は，人権博物館たり得る）と述べた。例えば歴史博物館では，前述の大阪人権博物館で展示していたような人権に関わる歴史を何らかの形で対象としており，個人情報保護の観点も含め，現代においてなお課題である場合もある。各地域の歴史民俗資料館等で，明治時代の卒業証書や通知表等の展示で，氏名や「士族」，「平民」等の身分表記を隠しているケースが散見されるのは，まさに人権に配慮した展示の一例であろう。また，アメリカでは，コレクションにおける人種やジェンダーの平等を確保するために，有色人種や女性アーティストの作品など多様性を意識したコレクションを収集する方針に切り替えた美術館も増えている。自然史博物館においてすら，イギリスのあるキュレーターによれば，自然界では雌雄の数が 1：1 であるにもかかわらず，彼女が務める自然史博物館の展示では哺乳類の剥製は雄のみの展示が 70%を占め，鳥類では 66%が雄で，雌雄が揃って展示されている場合も，74%は雄が高い位置にあったという。一般に，鳥類は繁殖のために雄の方が目立つ外観をしていることが多いため，このような展示となることは理解するものの，学芸員のジェンダー意識の有無によって展示は変わってくる。参加者は，あらゆる館種の博物館が，人権に関する意識を持つことが重要であることを再認識させられたのである。

2-3　DRMC

　DRMC（International Committee on Disaster Resilient Museums：博物館防災国際委員会）は，2019 年の ICOM 京都大会で新たに設立された国際委員会である。筆者はそのボードメンバーだが，コロナ禍によって 2020 年に計画されていた年次大会は中止となり，2021 年 11 月 4-7 日に初めて日本で年次大会を開催した。折しも 2021 年は東日本大震災から 10 周年の節目であったことから，東京国立博物館に加え，日本博物館協会が重点的に支援してきた岩手県陸前高田市でも開催することとした。この時期を選んだのは，11 月 5 日が，国連が定めた「世界津波の日」

（World Tsunami Awareness Day）であるためだ。これは、1854 年 11 月 5 日、安政南海地震によって和歌山県で起きた大津波の際、村人が自らの収穫した稲むらに火をつけることで早期に警報を発し、避難させたことにより村民の命を救い、被災地のより良い復興に尽力した「稲むらの火」の逸話に由来している。関東大震災の 9 月 1 日が「防災の日」、法隆寺金堂が焼失した 1 月 26 日が「文化財防火デー」になっているように、記念日を定めることによって、毎年啓発や訓練等を行うことで記憶を継承することは、きわめて重要なことである。

　DRMC 日本大会は、コロナ下でのハイブリッド形式ということで、残念ながら海外からの参加者は全員オンライン参加となったものの、30 か国・地域から参加があり、参加者数は現地参加を含め、東京では 145 名、岩手では 180 名にのぼった。公害資料と同じく、被災資料は博物館のみならず、図書館や公文書館、さらには寺社や民家などにもある。そのため、これらの施設間連携が必要であり、国立文化財機構文化財防災センターでは、図書館や公文書館、大学等を含む 25 の関連団体とネットワークを組み、定期的に会合を開催している。国際的には、ICOM, ICOMOS（International Council on Monuments and Sites：国際記念物遺跡会議）、IFLA（International Federation of Library Associations and Institutions：国際図書館連盟）、ICA（International. Council on Archives：国際公文書館会議）、CCAAA（Co-ordinating Council of Audiovisual Archives Associations：視聴覚アーカイブ機関連絡協議会）が協力して文化財の赤十字であるブルーシールド（Blue Shield）という組織が国際的な文化遺産の防災に努めている。このブルーシールドは、武力紛争の際の文化財の保護に関する条約（ハーグ条約）に基づくもので、日本大会でも、今まさに内戦が起こっているエチオピアから紛争による文化財被害についての発表があった。

　被災地には、震災に関する遺構等が点在している。国土交通省東北地方整備局が事務局を務める震災伝承ネットワーク協議会では、これらの東日本大震災から得られた実情と教訓を伝承する施設を「震災伝承施設」として登録し、マップや案内標識の整備などによりネットワーク化を図っている。これらの施設を、一般財団法人 3.11 伝承ロード推進機構が、「3.11 伝承ロード」として有機的につないでおり、産学官民が連携し、伝承活動を永続的に行うことによって、次の大災害に向けてその教訓を伝え続けていこうとしている。福島県立博物館では、これらの被災資料を「震災遺産」と名づけ、いわゆる文化財だけではなく、震災の後の人びとの行動を物語る資料の収集や活用を通じて、震災の記憶の保存・継承に努めている。2021 年 1–3 月に同館で開催した企画展では、津波で流された郵便ポストや鉄道のレール、標識、

地震後の停電によって止まってしまった時計，さらには安否の確認が取れない人を記した「探し人」の貼り紙，福島県富岡町の歩道橋に掲げられた「富岡は負けん！」という横断幕などが展示されていた。原発付近の帰宅困難区域では，飼い主が避難したために，牛はほとんど餓死してしまったが，飢えた牛たちがかじった牛舎の柱のレプリカも展示されていた。柱に残されたぎざぎざのかみ跡は，置き去りにせざるを得なかった人の心の傷のようにも見える。まさに記憶の痕跡だといえるだろう。

　以上，ICOM の三つの関連組織の活動をもとに「記憶を伝える場としてのミュージアム」について述べたが，新博物館学を提唱したピーター・バーゴは，「博物館の社会的役割と機能を再検討しない限り，博物館は人々にとって生きた化石の存在でしかない」(Vergo, 1983) と指摘した。博物館のコレクションを従来の価値観のまま固定化するのではなく，常に議論し，見直していくことが必要であろう。

　このことは，公文書についても同じで，ICOM には CIDOC（International Committee for Documentation：ドキュメンテーション国際委員会）という国際委員会もあるが，同様にその保存・継承の必要性を訴えている。日本では，いまだ公文書館が設置されていない県があるが，時を貫く記録の保存を図るためにも，早期の設置が望まれる。

3　Museum の定義の見直し

　近年，ICOM をはじめとする博物館の国際会議等でよく取り上げられるキーワードは，Diversity（多様性），Equality（平等性），Sustainability（持続可能性），Accessibility（近接性），Inclusion（包摂性）や Integrity（誠実性）である。

　毎年5月18日は ICOM が定めた国際博物館の日（International Museum Day）だが，そのテーマによって，世界の博物館の潮流をうかがい知ることができる（ICOM 大会の開催年，すなわち下記の 2022，2019 年は，大会テーマがそのまま国際博物館の日のテーマとなっている。日本語は，ICOM 日本委員会訳）。

2022 年　The Power of Museums: Museums have the power to transform the world around us（博物館の力：私たちを取り巻く世界を変革する）

2021 年　The Future of Museums: Recover and Reimagine（博物館の未来：再生と新たな発想）

2020 年　Museums for Equality: Diversity and Inclusion（平等を実現する

場としての博物館：多様性と包括性）

2019 年　Museums as Cultural Hubs: The Future of Tradition（文化をつなぐ
ミュージアム－伝統を未来へ－）

2018 年　Hyperconnected museums: New approaches, new publics（新次元
の博物館のつながり－新たなアプローチ，新たな出会い－）

2017 年　Museums and Contested Histories: Saying the Unspeakable in
Museums（歴史と向き合う博物館－博物館が語るものは－）

　ICOM では，1946 年の ICOM 憲章（ICOM Constitution）制定以来，8 回にわた
る Museum の定義の改正を行っているが，2007 年の ICOM ウィーン大会で改正さ
れるまでは，改正されるたびにその対象範囲が拡大される一方であった。それを大
幅に集約したものが以下の定義（第 3 条）である。

A museum is a non-profit making, permanent institution in the service of
society and of its development, and open to the public, which acquires,
conserves, researches, communicates and exhibits, for purposes of study,
education and enjoyment, material evidence of people and their environment.
（ICOM 日本委員会訳）
博物館とは，社会とその発展に貢献するため，人間とその環境に関する物的資
料を研究，教育及び楽しみの目的のために，取得，保存，伝達，展示する公開
の非営利機関である。

　結果的に日本の博物館法第 2 条で定める「博物館」の定義と似たような内容
になっているが，2016 年の ICOM ミラノ大会で，ICOM 会長より現代の社会
的課題に対応した博物館の使命・役割を明記すべきだとして MDPP（Standing
Committee on Museum Definition, Prospects and Potentials：博物館の定義・展
望・可能性委員会）という特別委員会において検討が行われた。MDPP がまとめた
新しい定義案は，2019 年の ICOM 京都大会の臨時総会で採決される予定であった。
　この定義案には，前述の diversity, sustainability, inclusion のほか，近年欧米
で議論になっている human dignity（尊厳），social justice（社会正義），wellbeing
（幸福感）というような言葉も含まれていた。しかしながら，この案が示されたの
が京都大会のわずか 6 週間前であったことや，日本のように博物館法が制定されて

いない国では，この ICOM の定義が国内で準拠・適用されることもあって，欧米以外の国にとっては少々急進的な内容であり，またこれは理念であって定義ではない，検討過程が不透明であるなどといった意見が出され，議論は紛糾し，結果的に採決は持ち越しとなった。個人的には，従来のヨーロッパを中心とした博物館学に根付いた権力性のみならず，ICOM のガバナンスに内在する旧植民地と宗主国の利害関係の克服，幅広い言語にわたるグローバルな議論を促進するための方法論の構築に多くの課題があることを浮き彫りにしたといえるのではないかと考えている。まさに，ICOM における多様性が問われたといってもいいだろう。

　大会後，ICOM 会長と 3 人の執行役員が辞任し，MDPP の委員長はじめメンバーが辞任する事態となり，新しい会長のもとで MDPP を改組し，新たに ICOM-Define（Standing Committee for the Museum Definition）という特別委員会が設置された。ICOM-Define は，MDPP の反省を踏まえ，2022 年 8 月に開催予定の ICOM プラハ大会に向けたスケジュールを発表し，ステップ 1 から 12 までの透明性のあるプロセスを定め，各段階ごとに各国際委員会，国内委員会等から意見を集め，議論を進めた。最終的に，ICOM プラハ大会では以下の定義案が臨時総会に諮られ，92.41％の賛成票を得て採択された。この定義の見直しは，日本の博物館政策にも少なからず影響を及ぼすであろう。

A museum is a not-for-profit, permanent institution in the service of society that researches, collects, conserves, interprets and exhibits tangible and intangible heritage. Open to the public, accessible and inclusive, museums foster diversity and sustainability. They operate and communicate ethically, professionally and with the participation of communities, offering varied experiences for education, enjoyment, reflection and knowledge sharing.

（ICOM 日本委員会訳）

博物館は，有形及び無形の遺産を研究，収集，保存，解釈，展示する，社会のための非営利の常設機関である。博物館は一般に公開され，誰もが利用でき，包摂的であって，多様性と持続可能性を育む。倫理的かつ専門性をもってコミュニケーションを図り，コミュニティの参加とともに博物館は活動し，教育，愉しみ，考察と知識共有のための様々な体験を提供する。

4 フォーラムとしてのミュージアム

　最近「ダークツーリズム」という言葉が叫ばれるようになり，それに関連する書籍なども本屋に並んでいる。UNESCO の「世界の記憶」も，ICMEMO の加盟施設もダークツーリズムの対象たり得るであろうし，何より公害資料館の活動もダークツーリズムそのものなのかもしれない。大事なことは，それらを単なる好奇心や「怖いもの見たさ」で見るのではなく，多視点性（Multiperspectivity）で捉えることである。一方的に被害者もしくは加害者，さらには単なる第三者の立場から考えるのではなく，様々な視点から，その場所や資料に残された記憶を読み取ることが重要なのである。

　美術史家のダンカン・キャメロンは，「テンプルとしてのミュージアム」と「フォーラムとしてのミュージアム」という語を用いて，博物館・美術館のあり方の類別を試みた（Cameron, 1974）。日本では，国立民族学博物館の吉田憲司館長が紹介したが，フォーラムとしてのミュージアムとは，未知なるものに出会い，そこから議論が始まる場所という意味である。また，アメリカの歴史学者であるロイス・シルバーマンは，「過去の歴史は専門家の解釈に過ぎない」と指摘しており，歴史だけでなく，博物館に展示されているモノ，その目的や解釈について，対話を通じて多様な視点により，人びとのそれぞれの歴史的な意味を構築する機会を構築するべきだと述べている（Silverman, 1993）。公害資料館は，まさに多様な視点で対話をする場所にならなければならないだろう。

　台湾の桃園市に，大溪木藝生態博物館がある。生態博物館とは，いわゆるエコミュージアムのことだが，ここでは過去にここで生活していた人の住宅を改修してエリアごと博物館と呼んでいる。公開されている建築群は，きれいに全面改修するのではなく，かつてはこの柱は緑色であったというような，住宅として使用していた家族の記憶をとどめている。また，様々な資料を一方的な価値観で説明するのではなく，「当時の暮らしを振り返りながら，専門家と地域住民，そして来館者と一緒になって考えるような仕掛け」（邱, 2022）が施されている。まさに，多視点で対話する場が用意されており，展示を作るための造作経費を抑える工夫がなされている。

　ICOM 京都大会では，「Decolonisation and Restitution」（デコロナイゼーションと返還）をテーマとするパネルディスカッションが開催された。Decolonisation を辞書で調べると「脱植民地化」と訳されていることが多いが，これでは言葉本来の意味が正しく伝わらない。そのため，ICOM 京都大会組織委員会では，これをあ

えて日本語訳せず「デコロナイゼーション」というカタカナで表記した。「脱植民地化」と言うと，短絡的に文化財返還を連想する関係者が多いためだが，博物館のDecolonisation とは，それだけではなく，植民者や旧宗主国の立場からのものの考え方や展示の在り方を見直そうという意味が込められている。例えば，デンマーク国立博物館（National Museum of Denmark）には，「Voices from the Colonies」（植民地からの声）という展示コーナーがある。デンマークは，かつて九つの海外植民地を有しており，現在もグリーンランドとフェロー諸島が自治領となっている。従来の植民地に関する展示は，貿易，商品，資源など植民地支配者の視点から語るものが多かったが，2017 年 10 月に新設した同展示では，「about people」（人びとに関する展示）と強調し，これまで語られてこなかった植民地の人びとの視点からデンマークの植民地主義に焦点を当てた展示を行っているのである。同じく，オランダなどでも同様の展示の見直しや研修が行われており，これが博物館で行われているDecolonisation であるといえる。

　また，オーストラリアやニュージーランドでも，先住民の立場に立った展示の見直しが行われており，アデレードにある南オーストラリア博物館（South Australian Museum）の「太平洋文化ギャラリー」（Pacific Cultures Gallery）では，これまで太平洋の島々から集めた民族資料を，「変わったもの」「珍しいもの」として展示していたが，それぞれの国や地域の固有の文化を尊重し，学術的な検証を踏まえた「継承されている伝統文化の価値も認識することができる展示」にリニューアルした。こうした多視点性の導入による展示の見直しも，博物館で行われているDecolonisation の一つであろう。

　このように視点を変えることによって，モノの見方は大きく変わる。日本から初めて UNESCO の「世界の記憶」に登録された「山本作兵衛コレクション」も，かつては日本の近代化や産業革命を支えた影の部分とも言うべき炭鉱労働者の個人的な記録に過ぎなかった。しかしながら，これらが「Collective Memory」（集団的記憶）として「世界の記憶」に登録されたことによって，差別や偏見の対象であった炭鉱労働者の生活文化の記憶もまた，後世に残すべきものとして再評価されることになったのである。すなわち，政府の立場からは炭鉱文化は忘却してもよい記憶であったがゆえに公的な写真記録等はあまり残されてこなかったが，一介の炭鉱労働者に過ぎなかった山本作兵衛氏が自ら炭鉱労働者の過酷な労働のみならず四季折々の暮らしや生活を如実に描いた絵や文章を書き残し，公開されたことにより，現在はほとんど存在しなくなった炭鉱労働者の記憶もまた一つの文化として

第
1
部

第
2
部

第
3
部

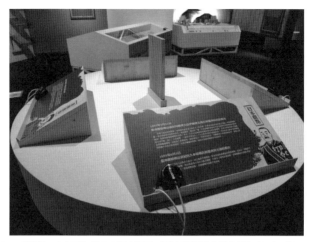

図 6-2 「鉅變一八九五」展の多視点展示 (國立臺灣歴史博物館) (出所：筆者撮影)

Decolonisation されたと考えることができないだろうか。

　日本もかつては植民地を有していたが，博物館では多視点性を導入することによって，展示方法は全く変わってくる。例えば，2015 年に台湾・台南市の國立臺灣歴史博物館で開催された日清戦争 120 周年の展覧会（「鉅變一八九五・臺灣乙未之訳 120 周年」特展）では，当時の清，日本，そして台湾のそれぞれの立場からの声を聴けるような展示が行われていた。決して日清戦争の結果，台湾が日本の植民地になったことを否定的に，あるいは反日的に展示するのではなく，それぞれの立場からの意見を紹介し，来館者が歴史について考える場を用意していた。また，日本初のハンセン病の国立療養所である国立療養所長島愛生園に設置された長島愛生園歴史館（岡山県瀬戸内市）では，初代園長であった光田健輔氏について，彼がとった全患者の「強制隔離・終生隔離」という国際的な流れと相反する政策について，単に批判するのではなく，「彼の評価は時代背景や医学水準，社会状況などを総合的に判断して行わなければならず，その判断は分かれるところです」と解説している。これは，まさに「フォーラムとしてのミュージアム」であるといえないだろうか。

　日本では，博物館は社会教育施設として政治的・宗教的な中立性が求められることが多いが，当然のことながら設置者の判断によって，完全な中立はあり得ない。ICOM 京都大会中にイギリスの博物館関係者を中心に，「博物館は中立ではない」（Museums are Not Neutral）というキャンペーンが行われたが，これは，博物館の

政治性，特に博物館関係者の価値観が，どのように博物館利用者に影響を与えるかという自己省察を呼び掛けるものであったと理解している。ICOM-MDPP（2019）の報告書は，今や博物館が差し迫った社会問題との関連で中立性を主張することは，むしろ社会的責任の放棄であることが博物館の関係者及び社会において認知されるようになっていると述べている。また，2020年5月にアメリカで起こったジョージ・フロイド殺害事件に関し，ICOMは「ミュージアムは中立ではなく，社会的な文脈や権力の構造，コミュニティの闘争から切り離されているわけではない」とし，「ミュージアムはあらゆるレベルで人種的不正や黒人差別とたたかう責任と義務を負っている」という声明を出した。スミソニアン機構事務局長でICOM-US（アメリカ国内委員会）共同委員長を務めるロニー・バンチも，「私たちは，世界中の黒人コミュニティの声と成果を増幅しなければならない」と述べている。前述の2017年の国際博物館の日のテーマが象徴しているように，博物館は論争のある課題を取り上げ，意見交換できる場所なのである。ただし，博物館もまた専門的見地から独自の見解を打ち出すことが必要であり，「中立」（neutral）たりえない博物館がどのように人びとの信頼を勝ち得，安全で開かれた対話の場となりうるのか。そのためにも博物館関係者は，専門性を確保しつつ公平かつ公正なコミュニケーションの場を設けるべく知恵を絞る必要があるだろう。公害資料館は，「フォーラムとしてのミュージアム」の考え方を，多視点性とともに取り入れ，多様な人びとが対話できる場となるよう，学芸員の配置や適切なコミュニケーションの設計に努めることが求められるということを肝に銘じる必要がある。

【引用・参考文献】

東自由里（2017）．「記憶の繋ぎ方──場所の力とメモリアル」第5回公害資料館連携フォーラム in 大阪 基調講演記録（公害資料館ネットワーク）

山根和代（2018）．「平和ミュージアムと平和教育」『住民と自治』*664*: 8–12.

邱君妮（2022）．「包摂的かつ協働的な博物館活動に関する研究──台湾の桃園市立大渓木芸生態博物館の実践を中心に」総合研究大学院大学博士論文（未公刊）

Cameron, D. (1974). The Museum: a Temple or the Forum, *Journal of World History, 4*(1): 189–202.

ICOM (2019). Standing Committee for Museum Definition, Prospects and Potentials (MDPP) 〈https://icom.museum/wp-content/uploads/2019/01/MDPP-report-and-recommendations-adopted-by-the-ICOM-EB-December-2018_EN-2.pdf（最終閲覧日：2022年12月12日）〉

ICOM (2020). Museums for Equality: The Time is Now 〈https://icom.museum/en/news/museums-for-equality-the-time-is-now/（最終閲覧日：2022年12月12日）〉

Silverman, L. (1993). Making Meaning Together: Lessons from the Field American History.

The Journal of Museum Education, 18(3): 7–11

Smithsonian (2020). Statement From Secretary Lonnie G. Bunch 〈https://www.si.edu/
　newsdesk/releases/statement-secretary-lonnie-g-bunch（最終閲覧日：2022 年 12 月 12 日）〉

Vergo, P. (ed.)(1989). *The New Museology*. London: Reaktion Books.

公害資料の収集・保存・活用

第7章
公害経験の継承と公害資料

アーカイブズとしての公害資料館

清水善仁

1 アーカイブズとしての公害資料

　1984（昭和59）年に刊行された『くさい魚とぜんそくの証文——公害四日市の記録文集』に，「公害を記録するということについて」と題された澤井余志郎の文章がある。澤井は四日市公害に苦しんだ多くの被害者を訪ね，その話を聞き，人びとや地域の写真を撮ることで，公害を伝え続けた「記録人」[1]である。その澤井がまとめた先の文章のなかで，次のように述べている箇所がある。「あやまちを繰りかえさないために，事実を確認し，記録していくことは，いまもなされなければならない」（澤井, 1984：23）——澤井にとって記録を残すことは，「あやまちを繰りかえさないため」の取り組みに他ならなかった。澤井が関わった公害を記録する会発行の『記録「公害」』には，四日市公害の被害者や地域の漁師たちの聞き書きなどが多数掲載されている。掲載にあたって澤井は「漁師たちやぜんそく患者さんから聞いた話は，磯津ことばのまま，文集に載せた」という。それは「公害の実態は，何ppmといった数字からではなく，苦しんでいる被害者である患者，住民の想い，実際を知ることからはじめるものでなければならない」と考えていたからである（澤井, 2012：76）。語られた言葉をそのままの形で記録に残すことに，澤井はその意義を認めていたのではないだろうか。

　澤井が残した膨大な記録は四日市公害の実態を知ることができる貴重なアーカイブズである。アーカイブズとは個人，家族，組織などによって作成・収受された継続的価値を有する資料に対して用いられる言葉であり，後世に生きるわれわれは澤井から託されたこれらの資料＝アーカイブズを適切に保存し継承していかなければ

1）「記録人」という言葉は，四日市再生「公害市民塾」のホームページより引用した〈http://yokkaichi-kougai.www2.jp/index.php（最終閲覧日：2022年7月31日）〉。

ならない[2]。公害発生当時を生きた人びとが少なくなっていくなか，「磯津ことば
のまま」記録された資料の存在は，四日市公害の経験の継承にとってますます重要
となってくるのである。

　このような資料の意義は四日市公害に限ったことではない。当事者の減少とそ
れに伴う経験の継承のあり方が模索されるなかで，公害に関わる公的・私的な資料
（以下，公害資料）の有するアーカイブズとしての価値はこれまで以上に高まってい
る。それらをどのようにして収集し管理・継承していくか──個々の地域での資料
をめぐる実践の一方で，学術的な観点から公害資料を論ずることも，そうした実践
を下支えする意味で重要なことではないだろうか。

　そこで本章では，公害経験の継承における公害資料の有する価値や意義について
焦点を当てて考察していきたい。具体的には，アーカイブズ学的な観点を交えつつ，
今日の公害資料の所在状況について筆者が取り組んでいる科研調査の途中経過から
確認するとともに，公害資料の管理に関わる論点を提示することで公害資料をとり
まく現状と課題を明らかにする。

2 公害資料の所在状況調査からみえてきたこと

　公害資料の有する価値や意義について考察するならば，まずは具体的に公害資料
とはどのようなものを指し，それが現在どの程度残されているのかといった現状を
理解することから始めたい。前者の公害資料の定義もしくは範囲については別稿に
おいて述べたのでここで詳しくは触れないが，資料の作成主体や形態，内容などの
観点からその総体的な把握が試みられている（清水，2021）。一方後者についてはこ
れまで先行研究などでもあまり言及されてこなかったので，本章ではこの点を中心
に取り上げたい。筆者は科学研究費補助金に採択された研究[3]において，全国の資
料保存機関に所蔵されている公害資料の所在状況調査を進めている。いまだ研究期
間途中の段階ではあるが，現時点で集約された情報をもとに，この調査でみえてき

---

2)「アーカイブズ」にはこの他に，継続的価値を有する資料を保存・管理している施設，ま
　たそうした資料とその管理に責任を有する機関ないしプログラム，の定義があるが，こ
　こでは先述のとおり資料としての意味で用いている（国際アーカイブズ評議会ホームペ
　ージ用語集を参照〈http://www.ciscra.org/mat/〉（最終閲覧日：2022 年 7 月 31 日)）。
3) 科学研究費補助金基盤研究（C）「公害関係資料の適切な管理と公開に関する研究：アー
　カイブズ学の観点から」（研究代表者・筆者，2019 ～ 22 年度）。

たことについて整理してみたい⁴⁾。

　本科研では，全国の資料保存機関のうちとくに地方自治体の公文書館を対象に，次の二つの方法によって調査を進めている⁵⁾。まず一つ目は公文書館がホームページなどで提供する検索システムやデータベースを用いて，環境基本法第2条第3項において規定される，いわゆる典型7大公害である「大気汚染」「水質汚濁」「土壌汚染」「騒音」「振動」「地盤沈下」「悪臭」の語で検索をかけ，その結果表示されたデータを収集する方法である。これに加え，「公害」「原発」（原子力発電所）「アスベスト」という用語で検索される資料のデータも収集している（以下，科研調査A）。その結果，現在までに2万件以上のデータを蓄積することができている⁶⁾。

　当初，この方法のみで調査を進めていたが，これによって収集されるデータが主として「公文書」⁷⁾であり「古文書」や「私文書」などに分類されている公害資料がなかなか検索・表示されないことがわかってきた⁸⁾。しかし，それはある意味では当然のことで，例えば「公害」という言葉一つとっても，現在理解されている意味での「公害」の語の使用は明治以降のことであり，それ以前には「公害」という言葉自体がなかったか，もしくは別の意味の言葉として用いられていたものである。あるいは，公害にあたる現象が起こっていたとしても，現在の意味での「公害」が普及する以前は，それを「公害」と呼ばず，例えば「煙害」のように，別の言葉で

---

4) なお，公害資料の所在状況を把握することの学術的な意義は，筆者が専門とするアーカイブズ学の分野において公害資料の問題が十分に取り上げられてこなかったこととも関係がある。公害資料をいかに管理・公開し将来に継承していくか，そのための理論と実践についての研究を深めるためには，そもそも公害資料とはどのようなものを指し，かつ現在どの程度残されているのかという点の把握が必要であり，それによって適切な管理・公開の方法を考察することができると同時に，公害に関わる研究・情報資源の提供にも資すると考えたからである。

5) 公文書館の選定については，国立公文書館のホームページにある「関連リンク」に掲載された国内公文書館のリストを活用した〈https://www.archives.go.jp/links/（最終閲覧日：2022年7月31日）〉。

6) 2022年7月時点で都道府県立の公文書館調査はほぼ終了しているが，市町村立の公文書館は未了である。今年度中にデータ収集を終える予定である。

7) 公文書館によっては，「公文書」を「行政文書」や「歴史的公文書」の名称で呼ぶ館もあるが，本章では煩雑さを避けるため，これらはすべて「公文書」と表記する。

8) ここで述べている「公文書」および「古文書」「私文書」の分類は，「公文書」はいわゆる機関アーカイブズ（親組織から保存期間満了後に移管される公文書），「古文書」「私文書」は収集アーカイブズ（親組織以外の個人や団体などから寄贈・寄託される資料）の機能によって収集されたものを指している。

表現していたからである[9]。したがって，データベースなどの検索ツールでは浮き彫りにしにくい古文書や私文書を対象に，二つ目の方法として公文書館に対して紙による所在調査アンケート調査を実施した（以下，科研調査B）。当該アンケート調査で立項した質問項目は以下の通りである。

①所蔵の有無
②資料の概要：資料名など
③所蔵資料の規模／数量：箱数，書架延長など
④所蔵資料の整理状況
⑤目録（データベース登録を含む）の有無
⑥資料の公開状況および公開方法
⑦本アンケートの取り扱い
⑧備考

　この調査は2021年7月から12月にかけて行い，全国80の公文書館にアンケート用紙を送付し61館より回答を得た（回答率76.25％）。回答では，古文書・私文書の分類に含まれる所蔵資料のなかに公害資料は保存されていないとする館が39館みられたが，一方で保存している館の回答からは，多様な資料の存在が明らかとなった。

　以上二つの調査から，現在までにみえてきた公害資料の所在状況の特徴ならびにそれぞれが有する資料的価値について，公文書，古文書・私文書に分けて述べていきたい。

2-1　公文書：科研調査Aから

　現在までにデータ収集が完了している公文書館の状況をみると，所蔵されている公文書は圧倒的に戦後のものが多い。公害資料については戦前の公文書が検索されるケースはほぼないといってよい。ただ，これは戦前の公文書に公害資料に該当するものがないということと必ずしもイコールとはいえないだろう。先述したように，「公害」という言葉が用いられていないだけで，公害に該当するような資料を含む公文書が存在する可能性は低くない。そのために「騒音」や「振動」など個々の公害

---

9)「公害」という言葉の同時代的な意味や活用の変遷については，小田（1983）に詳しい。

の名称でも検索しているのだが，こうした網羅的な調査ではどうしても抜け落ちてしまうのかもしれない。この点は課題として今後に引き継いでいかなければならない。

　一方戦後の公文書であるが，1960年代から急激にその数が増えている状況が看取できる。具体的には，公害に関する各種の陳情書をはじめ，公害防止条例の制定に関するもの，公害対策にかかる実態調査や取り組みについてまとめたもの，公害関係諸会議の議事録や資料が綴じられたものなど多岐にわたる資料が膨大に残されている。このことは1960年代前後の日本における「公害の全国化と日常化」（宮本，2014：92）と無縁ではあるまい。全国各地において公害の発生がみられ，その種類も工場公害のみならず都市公害が次第に拡がりをみせていった時期である。こうしたなかで，いわゆる四大公害裁判の展開や地域における公害苦情の増加などにより，国や地方自治体では本格的な公害対策が始まったのである。国では1962年にばい煙規制法が制定され，1967年の公害対策基本法制定，そして1971年の環境庁設置へと展開する。また，地方自治体においてはこの頃から公害対策を担当する部署の設置や公害防止条例の制定が始まっていく（宮本，2014）。こうした過程のなかで大量の公文書が作成されたのであり，そのこと自体が地方自治体における公害対策の広範化を如実に示すものでもある。そしてそれ以降の恒常的な公害対策の取り組みにより，公文書もまた継続的に作成されたのである。

　今日，国の公文書は「公文書等の管理に関する法律」（以下，公文書管理法）のなかで運用されているが，そのなかで公文書は「国及び独立行政法人等の諸活動や歴史的事実の記録」と位置づけられており，公文書管理法の制定により公文書が適切に管理・保存・利用されることで，「行政が適正かつ効率的に運営されるようにするとともに，国及び独立行政法人等の有するその諸活動を現在及び将来の国民に説明する責務が全うされる」[10]と述べられている。公害ならびに公害対策に即していえば，公害の発生から対策，予防までの行政の取り組みを一貫して読み解くことができる資料が公文書であり，そのことが「現在及び将来の国民に説明する責務」を果たすことにつながっている。だからこそ，公文書管理法では「当該行政機関における経緯も含めた意思決定に至る過程並びに当該行政機関の事務及び事業の実績を合理的に跡付け，又は検証することができるよう」[11]な公文書の作成を求めている

10）公文書管理法第1条。
11）同上第4条。

のである。その意味で，公文書は公害の通時的な把握をする際にきわめて有効な資料であるということができる。ただし，先述したように公文書として残されている資料のほとんどは戦後のものであり，とりわけ公害対策の法律や条例が制定された以降に作成されたものが多い。しかし，いうまでもなく公害はそうした法律や条例の制定前から問題となっている。通時的な把握という点を踏まえるとき，その時期の公文書の有無や内容については，用語の問題を含めて丹念な調査が不可欠であり，今後の課題としなければならない。

2-2　古文書・私文書：科研調査Bから

　次に，公文書館が所蔵する古文書や私文書などに含まれる公害資料について，科研調査Bからみえてきた特徴を3点に分けて述べていきたい。

①古文書・私文書のなかの公文書

　古文書・私文書という分類に含まれてはいるが，そのなかに公文書もしくは実質的には公文書的な性質を含む資料がみられるという点が挙げられる。神奈川県立公文書館所蔵「佐々井典比古関係資料」はその典型的な事例である。佐々井典比古は神奈川県の副知事を務めた人物であり，この資料群には1960～70年代を中心とした自然保護，都市計画，開発，土木などの神奈川県行政に関する約480点の資料が含まれている。そのなかには「公害対策関係資料（昭和45年12月県議会定例会）」（農政部作成）や「副知事連絡調整会議資料47.1.20」（土木部作成）といったきわめて公文書に近い資料も少なからず含まれている。これらはおそらく，当時の神奈川県における公文書管理規程（レコードスケジュール）の枠外で作成された「手持ち」，もしくは組織共用性の低い資料であり，佐々井副知事個人のものとして位置づけられたものである。したがって，公文書として移管されたものではなく，佐々井個人から公文書館への寄贈という形式であるため，古文書・私文書の分類になっているのである。

　また，天草市立天草アーカイブズ所蔵「天草郡町村会等資料」は，いわゆる平成の市町村合併前に存在した「天草郡町村会」という，旧市町により構成された公的な性格を帯びた協議会組織の公文書である。市町合併により当該町村会が廃止されたことから，同資料約6,000点が天草アーカイブズへ寄贈された。現在天草アーカイブズでは「地域史料」という分類で同資料を管理しているが，出自は他ならぬ公文書である。当該資料群には「水俣病についての陳情書一括（仮称）」や「陳情書」

（水俣病発生に伴う陳情）といった水俣病に関する資料が残されている。

　このように，公文書館における資料分類においては「古文書」「私文書」とされているものであっても，元自治体職員や公的な組織体の廃止などといった背景のなかで，公文書ないし公文書的な性質を有するものがこれらの分類に含まれているケースがあることは注視しておく必要があるだろう。

②戦前の公害資料

　科研調査Ａにおいて戦前の公文書がみられないことは先述したとおりだが，古文書・私文書のなかに，決して数は多くはないが戦前の公害資料が含まれることがわかってきた。例えば，茨城県立歴史館が所蔵する「関哲雄家所蔵煙害関係史料（写真版）」ならびに「関哲雄家文書」には，「煙害問題書類綴」や「煙害調査記録」といった戦前の日立鉱山煙害問題に関わる資料が多数残されているし，福井県文書館の所蔵資料にも明治ないしそれ以前の銅山鉱毒に関わる資料が保存されている。

　今回の調査では他に戦前の資料はみられなかったが，科研調査Ａで指摘したことと同様に，「公害」という言葉が用いられていないケースなども踏まえ，より詳細な検討が不可欠であるといえる。検索項目の工夫など，個別的に調査を重ねていくなかで，さらに戦前の公害資料が発掘される可能性があるのではないだろうか。

　なお，歴史学における公害史研究がいまだ十分でない現状を踏まえれば，戦前の資料発掘や資料所在情報の収集は本科研調査に限らない大きな課題である（清水，2020）。過去には戦前の新聞や雑誌に掲載された公害関係記事を収集する取り組みもなされていたが（神岡，1971；神奈川県立川崎図書館，1972；小山，1973），近年ではそうした事例もあまり聞かない。戦前に限定したものではないが，これまでにも公害史研究者が資料の収集・保存の重要性をその時々に訴えてきたように（加藤，1976；小田，1999），公文書館や公害資料館などの資料保存機関はもとより，公害研究者などによる主体的かつ積極的な取り組みがこれからも引き続き求められている。

③行政刊行物が有する価値

　今回の調査では必ずしも対象としなかった資料の分類に「行政刊行物」がある。行政が自らの施策をわかりやすく住民に伝えるために作成されるものや，行政各組織における各年度の事業報告，さらには住民への広報誌など，様々な行政刊行物が作成される。今回のアンケート調査の回答のなかで，古文書や私文書のなかには該当する公害資料はないが，行政刊行物には含まれているとして回答されたケースが

あった。例えば，上越市公文書センターの回答には，同地域の広報誌にあたる『広報直江津』『広報たかだ』『広報じょうえつ』に掲載された公害関係記事のリストがまとめられているが，公文書と同様，いずれも 1960 年代になって記事が増えている状況がみられる。当該地域の行政における公害対策の取り組みなど，社会的にも関心が高まりつつあった公害についての啓発的な役割を果たしていたといえるのではあるまいか。

こうした行政刊行物のアーカイブズ学的な位置づけについて，戸島昭は「地方自治体の政策決定に関わる素材として，あるいは，地域住民への政策周知の手段として，最も積極的に作成され，有効に活用されていることを考え合わせると，現代を代表する情報資源として，後世に残していかなければならない記録」と指摘している。そして，多数の利用者を対象にして簡潔にまとめられた記事内容とその情報の価値から，「地方自治体の文書記録の保存に当たって，その政策決定上に作成した起案・決裁書や，その職務執行上に受領した上申・下達書など，狭義の公文書を，唯一無二の〈本尊〉とするならば，これと密接な関連を持ちながら，一定の役割を担う多種多様な行政資料を，その左右を固める〈脇侍〉とすべきである」と述べ，その意義を認めている（戸島, 1992：7）。公害資料についても同様のことがいえるのではないか。一般住民にはなかなか読み解きがたい公文書に対して，行政の施策を簡潔にまとめかつ普段から接する機会が多い行政刊行物の有する資料的な価値は決して低くなく，当該期の公害行政や公害対策の理解，あるいは公害経験の継承のために行政刊行物が果たす役割は小さくないといえるだろう。

2-3　小　　括

ここまで公文書館における公害資料の所在状況について，公文書と古文書・私文書に分けて述べてきた。いまだ調査・分析は途中段階であるため総括的な評価は下しがたいが，少なくともそれぞれの資料における現状の傾向や課題などについては指摘しえたのではないかと思われる。

同じ公害を語る資料であっても，公文書と古文書・私文書とではその内容は大きく異なる。そもそも作成主体が違うものだし，記録のなかに個人の意思や心情が入り込む余地の大小の差もある。したがって，そうした資料の性質を踏まえたうえで公文書と古文書・私文書とを読むことがわれわれには求められるが，何よりもこの二つの形態の資料が残っているということが重要である。それは，行政の側から見た視点＝公文書と，被害者や地域住民の側から見た視点＝古文書・私文書の双方

から当該地域で発生した公害を捉えてみることができるという点である。すなわち，行政の様々な行為にかかる経緯と決定を記録する公文書は，行政における公害への対応や施策の推移について時間を追いながら把握することができ，行政側の視点から当該公害がたどった経過を知ることが可能である。一方で，そのときどきの過程における被害者や地域住民の心情，あるいは加害企業の行動などのすべては公文書には逐一記録されない。それは古文書や私文書として残された個人や団体などの資料から掘り起こしていくことで復元できるのである。それらのなかから明らかとなる行政の考え方や被害者の訴え，地域住民の思いはそれぞれであり，多層的である。異なる形態の資料を保存することの意義はこの点にあるといえる[12]。

3　公害資料の管理をめぐる論点

　本節では，公害資料の管理にあたって提起される論点について取り上げていきたい。ここでいう「管理」とは，公文書館や公害資料館などの資料保存機関における公害資料の収集に始まり，館内での整理・保存，そして一般への公開といった一連のプロセスを指している。この管理のプロセスにおけるそれぞれの段階において，意識すべき点や検討を深めるべき点などを先行研究を踏まえつつ明示することによって，今後公害資料がさらに幅広く収集され，あるいは適切に整理・保存・公開される仕組みの構築の一助になることをめざしたい[13]。

---

12) なお，アンケート調査の際に，公文書館から資料を保存していないと回答された事例に関わって，平野泉の次の指摘は傾聴に値するものである。すなわち，「その一方で，声をあげる力もないほど苦しんでいる人や，読み書きを学ぶ機会のなかった人の思いはなかなか記録されません。その意味で，公害記録の不在や空白もまた，公害という出来事について多くを語るのです」（平野, 2021：137）。この指摘は資料の不存在それ自体に意味を見出すものであり，〈資料がない＝経験や記憶が継承されない〉と一面的にとらえる認識に注意を促している。その点では，「語り」をはじめとする口述形態まで拡げた形での資料の収集活動には重要な意義があるといえる。

13) 公害資料の管理のプロセスにおける諸段階として，資料保存機関自身による資料の活用も見逃せないが，この点については本書第9章が具体的な事例をまじえつつ詳しく論じているのでそちらにゆずりたい。なお，公害資料に限定しない資料保存機関における資料の活用のあり方については，清水（2011）にまとめているので参照されたい。

3-1 収　集

資料の収集は，公害資料を廃棄や散逸の「危機」から守り，将来にわたって当該資料を継承するための始点となる活動であり，もっとも重要な取り組みの一つであるといってよい。被害者や支援者の高齢化などに伴い資料におとずれる「危機」に対して，どのような点に留意しながら収集を進めていくべきであろうか。

　公害資料を作成する主体には，行政機関，企業，被害者，支援者，研究者，弁護団，報道機関などがあり，それぞれの主体が公害に関わって資料を作成・収受し，利用し，保存する。そのすべての資料が公害資料となりうるわけであり，公害の実態や経験を伝えるための重要な手掛かりとなる。したがって，継承されるべき公害資料に本来作成主体による区別はなく，あらゆる主体により作成された公害資料の収集が何より求められることをまず指摘しておきたい。しかし，公害資料館についてみてみると，所蔵する資料の多くは被害者や被害者団体の資料である。被害者の手記や被害者団体の集会の記録，被害者どうしをつなぐ機関誌やミニコミ，運動に際し作成されたビラやチラシなど，実に多彩な資料が残され，その時々の公害の諸相を深く読み取ることができる点でたいへん貴重な資料であるが，それだけでは公害の一面的な理解となることはいうまでもない。

　例えば，公害発生企業の資料について，当該企業がなぜ有害な排煙や排水を行ったのか，公害に対してどのように認識しかつ対応したのかなど，公害を企業の観点から検討することは公害の歴史やその理解において不可欠であり，そのための資料もまた同様である。ところが，企業の場合には行政機関に対する情報公開法のように組織資料の公開が法律で義務づけられておらず，住民にとって企業資料へのアクセスは決して容易ではない[14]。もちろん，企業の能動的な取り組みとして資料館などを開設し，資料展示や公開を行っている事例はあるが，それも一部にとどまるものであり，企業資料の収集は大きな課題である。

　同様に，研究者の資料も重要である[15]。いうまでもなく，研究者は自らの研究や調査のなかで数多くの資料を収集・蓄積し，これをもとに論文を執筆したり，講義を行ったりする。研究者のもとに集まった資料は，その研究者が長年追究してきた

---

14) なお，1998 年に採択されたオーフス条約（環境に関する，情報へのアクセス，意思決定における市民参画，司法へのアクセス条約）では，民間事業者であっても公共サービスの提供などにかかわる場合には，公的機関として情報公開の対象となっている。
15) 研究者の資料を「研究者アーカイブズ」と呼ぶことがある。これについて述べた論考に，平野（2018）がある。

テーマについての膨大な情報資源であり，刊行された資料のみならず，聞き取りや写真・画像などの未刊行資料も多数含まれていることが少なくない。公害や環境社会学の研究者が蓄積した資料が整理・保存・公開されている事例として，宇井純や飯島伸子などの資料がよく知られている[16]。そうした資料は，もとより研究者個人の知の生成過程を示すものであるが，研究者は調査において網羅的に資料を収集するものであり，それに基づいて研究が進められるという意味では，研究者のもとに集められた資料は個々の公害の全体像を知るための手掛かりを得るうえできわめて有用な存在である。

　なお，これまで論じてきた資料の収集について，ここで想定される資料は紙の形態のそれが多くを占めるが，「語り」に代表される文字として固定化されていない口述資料の収集もまた忘れてはならない。各地の公害資料館で行われている語り部の活動の記録化をはじめ，インタビューやオーラルヒストリーなどの活動を通して「語り」が収集されることによって多様な公害の記憶が集約されることとなる[17]。

3-2　整　　理

　収集された資料はそのままでは雑然とした状態であるものがほとんどである。段ボール箱に無秩序に投げ込まれたもの，封筒に一括してまとめられた文書類，あるいは何らかの意図をもって綴じられてはいるがタイトルが書かれていないファイル——これらの資料はこのままでは公開することは不可能である。こうした資料類を一般に公開し利用を促進するために「整理」という管理のプロセスがあり，アーカイブズ学の分野ではこれを「編成」「記述」という。

　アーカイブズ学における定義によると，「編成」とは「出所と原秩序を考慮して個々の資料を整理し，そのコンテクストを保護して，資料の物理的または知的なコ

16）現在，宇井純資料については立教大学共生社会研究センターに保存されており，前掲平野（2018）からその概要を知ることができる。また，飯島伸子資料は「飯島伸子文庫」として常葉大学において保存・公開されている（平林（2006）など参照）。

17）こうした活動の実践例としては，環境省の2018年度ユース世代による公害体験の聞き書き調査業務「新潟水俣病・公害スタディツアー2018」をはじめ，四日市公害と環境未来館が自らのホームページ上において実施している関係者証言映像も，収集のみならず公開という観点からも，重要な口述資料として位置づけられよう〈https://www.city.yokkaichi.mie.jp/yokkaichikougai-kankyoumiraikan/various-materials/（最終閲覧日：2022年7月31日）〉。

ントロールを実現するプロセス」であり，「記述」とは「資料の識別，管理，理解を
容易にするために，作成者，日付，範囲，内容など資料または資料群の形式的要素
に関する詳細を分析，組織化，記録するプロセス」とされる（Pearce-Moses, 2005：
25, 34-35）。この場合の「出所と原秩序を考慮する」とは資料群を構造的に認識する
という意味に解され，資料を生み出した出所（組織もしくは個人）の機能や活動をふ
まえた組織化が不可欠であり，そのことが「コンテクストの保護」につながるので
ある。したがって，アーカイブズの分野では資料群を階層構造化して把握すること
が多くみられる。他方，「記述」は目録もしくはデータベースなどを構成するメタ・
データの付与作業に他ならない。タイトル，作成者，作成年月日など，個々の資料
の識別とアクセスに必要な情報を資料から抽出していくということである。

　こうしたアーカイブズ学の方法論に基づいた公害資料の整理実践は，すでに公害
資料館でも取り組まれている。例えば，川田恭子は法政大学大原社会問題研究所環
境アーカイブズが所蔵する「スモンの会全国連絡協議会・薬害スモン関係資料」の
編成試案を提示しており，同資料群の構造的な把握をめざしている（川田, 2019）。
この分析では，同資料群には協議会自身が作成した資料のみならず，「連絡協議会」
という組織の性格を反映して全国各地のスモンの会から収集された資料が多数含ま
れており，そのことが「結果として，本資料群は，被害者組織の活動を俯瞰できる記
録として残されている」と指摘し（川田, 2019：16），先述した編成試案においても
こうした性質を踏まえた形での検討がなされている。公文書であればそれを作成す
る行政組織があり，その存在はコンテクスト分析における所与の情報として有用だ
が，公害資料の場合には，被害者団体などをみてもわかるように明確な組織体系を
もたないところが多く，その意味で資料群の構造的な把握がきわめて難しく，アー
キビストの手腕が問われるところでもある。川田による同資料群の編成試案もその
一事例であるといえる。

　資料群の編成とはそのコンテクストを徹底的に分析するなかでなされるものであ
り，結果として編成のあり方それ自体がコンテクストを理解するための一助となる。
資料を理解するうえでコンテクストが重視されるのは，目の前にあるモノとしての
資料の存在だけでは，それを理解することができないからである。資料が作成され
るに至った組織や個人の機能や活動との関係，同じ資料群に含まれる他の資料との
関係，今日までの保存の経緯など，こうしたコンテクストに関わる情報があっては
じめて，その資料を深く理解することができる。すなわち，資料を理解し解釈する
うえでコンテクスト情報は欠かせないものであり，「編成」「記述」という資料の整

理作業はそれを利用者に提示するための重要なプロセスなのである。

3-3　保　　存

　資料の保存において重要なことは，現在の資料の状態をなるべく維持したまま後世に伝えることである。継承された資料から解釈されるものは，そこに書かれた文字情報だけではなく，資料それ自体からもなされることがある。四日市公害を描いた漫画「ソラノイト」を執筆した漫画家・矢田恵梨子は，主人公にあたる少女の実際の絵日記を閲覧した際，時を経て伝えられた絵日記の状態や質感から「体温」を感じ，資料に触れることで平面的であった対象者は立体的になっていったという[18]。資料が当時の状態のままで残されていたからこそ得られた感覚であり，保存の重要性の一面を示すエピソードである。

　資料が劣化する要因には，温湿度の変化，カビ，チリやホコリ，虫，光，人間など様々なものが挙げられるが，これらに対して，書庫の適切な温湿度管理はもとより，保存容器への封入や媒体変換などの保存対策が求められる。また，損傷した資料がある場合には修復作業も必要であるが，修復技術には一定の専門的な知識が必要なため，さらに損傷がひどくなる恐れがある場合には，代替化の推進も方法の一つである。あわせて，資料の損傷ではないが，実際の整理作業を経験するなかで，いわゆる青焼きの資料やファックスなどで用いられた感熱紙の資料を手にすることが少なくない。これらの資料は時間の経過とともに印刷面が消えてしまう可能性が大きいため，複写やデジタル化などの代替化の措置をとることで，情報の保存を図っていかなければならない。

　資料の保存には損傷した資料の修復が重要であるが，それ以前に資料の損傷あるいは劣化を予防するための取り組みもまた不可欠である。唯一の資料を将来に継承していくための保存環境の維持・整備は大きな課題として認識されなければならない。

3-4　公　　開

　公害資料には，裁判資料や機関誌などのなかで被害の実態を実名で示すものをはじめとして，住所や病状，家族構成など，多くの個人情報が掲載されている。したがってそうした資料を公開するにあたっては，資料保存機関による事前の資料確認

18）2020年9月11日にオンラインで実施した矢田氏へのインタビュー時の発言。

が不可欠であり，個人情報該当箇所にはマスキングを施すといった準備が求められる。しかしながら，どのような基準や年限でその個人情報を公開するかが必ずしも明確に規定されていない資料保存機関（特に公害資料館）が少なくない。資料が保存されていてもそれにアクセスできないのでは研究者などによる資料利用は困難であり，資料保存機関自身も様々な活動に資料を活用することができなくなってしまう。すでに資料公開を行っている機関の事例や公開基準などを参考にしながら，公開体制を整備することが求められよう[19]。

3-5 小　　括

　ここまで公害資料の管理のプロセスにおいて，それぞれの段階に関連するいくつかの論点について述べてきたが，最後にこうした活動を担う専門職の問題について，公害資料館の実態に触れつつ指摘しておきたい。ここでいう専門職とはアーキビストや学芸員のことを指すが，公害資料館ネットワークが2017年に実施した「公害資料等の整備と一般利用に関するアンケート」[20]によると，専門職が配置されている公害資料館は回答15館のうち8館であり，残り7館は専門職が不在であることが報告されている。専門職が配置されている8館でも，アーキビストや学芸員の配置はそれぞれ1館ずつで，それ以外は「研究員」や「嘱託職員」などの回答であった。こうした回答からは公害資料館における専門職の決定的な不足という現状が看取できる。専門職は資料の管理や普及啓発，調査研究といった公害資料館の諸活動を，その専門知識を生かしてより効果的に展開し，公害資料の利活用や保存に責任を持つ存在である。公害資料の廃棄や散逸という「危機」がせまっている現状を踏まえるとき，公害資料館に専門職が配置され，公害資料の管理がさらに進められる体制を構築することは急務である。

---

19) なお，蜂谷（2017）は，熊本水俣病の被害実態を研究対象とする社会的・社会医学的研究における資料記載の個人情報の活用の点について言及し，学術研究推進における個人情報の適切な活用と個人の権利保護の両立の必要性を指摘している。

20) 「公害資料等の整備と一般利用に関するアンケート」は，公害資料館ネットワーク資料保存分科会と法政大学大原社会問題研究所環境・市民活動アーカイブズ資料整理研究会が共同で実施したもので，対象は同ネットワークに加盟する公害資料館である。2017年2〜3月にかけて行われ，同年6月にネットワーク関係者に結果が公表された。なお，当該アンケートの結果については，小田（2017）で詳しく分析されている。

4　アーカイブズとしての公害資料館

　アーカイブズとしての公害資料が有する価値は，いうまでもなく資料が公害に関わる過去の事象を解釈・復元するための手掛かりとなるものであり，多様な資料が残れば残るほど，多様な公害の経験が継承される。そのことが，後世における公害の教訓化につながり，あるいは様々な学術研究の素材として活用されることになるのである。したがって，幅広い作成主体や形態による資料の収集・保存が何より求められる。本章でみてきたように，現時点における公害資料の所在状況調査からは，公文書，古文書・私文書ともに多くの資料が保存される一方で課題もみえてきた。さらなる資料の発掘などを含めた収集・整理・保存の取り組みが不可欠であるとともに，そのための体制を構築する過程では公害資料の管理で触れた諸論点を踏まえつつ進める必要があることを指摘しておきたい。

　これまで述べてきたように，公害資料の管理と継承に大きな役割を果たすのが公文書館や公害資料館といった資料保存機関である。とりわけ公害資料館は周知のように近年各地に開設され，資料収集や展示，語り部活動などによって，公害経験の継承の取り組みを積極的に展開している。公害資料館ネットワークの整理によれば，公害資料館とは展示機能，アーカイブズ機能，研修受け入れ（フィールドミュージアム）の3分野のいずれかの機能を有しており，必ずしもハードとしての建物の有無は問わないとしている（公害資料館ネットワーク，2016）。このなかで，展示機能を中心とする博物館（学）的な観点から公害資料館の存在や役割を問う指摘は，〈フォーラムとしてのミュージアム〉という言説から公害に関する展示もしくは公害資料館を捉えなおす試みなどにみられるように近年議論が活発だが（竹沢，2015），一方のアーカイブズ（学）的な観点からの研究は管見の限り必ずしも十分ではない。資料の収集，整理，保存，公開という基盤的なアーカイブズ活動はもとより，調査研究，普及啓発などを含めた取り組みやアーキビストという専門職と，公害資料館という存在を接続してみたときに，博物館（学）的な観点とは異なるどのような理念や役割を明示できるであろうか。例えば，アーカイブズ（学）に関わる一つの論点として，先述した公害資料館の所蔵資料の現状を踏まえた，公文書を含めた幅広い資料の収集の必要性という点がある。博物館では，資料の展示などを通して観覧者に一定の解釈が提示され，観覧者はそこから様々な視点や論点を見出すことで多様な対話や議論が始まるとされるが，アーカイブズはあくまで資料の公開機関であり，資料の解釈は利用者に委ねられる。その際に，多様な作成主体や形態の資料が

公害資料館に収蔵されることは，資料の保存・継承というアーカイブズの理念に適うとともに，利用者が資料に基づいて公害を理解する際に多視点性が担保される意味で重要である。では，そのために公害資料館としてどのような資料収集のあり方が検討されるべきであろうか。この点は〈アーカイブズとしての公害資料館〉の可能性を考えるうえで大きな課題である。こうしたアーカイブズに関わる議論を公害資料館の実践と結びつけて検討することにより，公害資料館の固有性を博物館とは異なる視角から提起できる可能性をなしとしない。そして，博物館（学）・アーカイブズ（学）両者の議論の融合は，公害資料館の機能や役割，あるいはその社会的意義の拡がりを追究することにもつながるかもしれない。その意味では，〈アーカイブズとしての公害資料館〉というテーマもまた重要な学術的課題として取り組まれなければならないのである。

【付　　記】

本章は科学研究費補助金基盤研究（C）「公害関係資料の適切な管理と公開に関する研究：アーカイブズ学の観点から」（課題番号 19K12705）の研究成果の一部である。

【引用・参考文献】

小田康徳（1983）.『近代日本の公害問題——史的形成過程の研究』世界思想社.

小田康徳（1999）.「歴史学研究者の立場から考える資料保存の意義」『Libella』*40*.

小田康徳（2017）.「歴史学の立場から見る公害資料館の意義と課題」『大原社会問題研究所雑誌』*709*: 18-31.

加藤邦興（1976）.「展望・公害史」『科学史研究』*15*(120): 177-183.

神奈川県立川崎図書館［編］（1972）.『京浜工業地帯公害史資料集 明治 43 年–昭和 16 年』

神岡浪子［編］（1971）.『資料近代日本の公害』新人物往来社.

川田恭子（2019）.「スモンの会全国連絡協議会・薬害スモン関係資料公開の意義と課題」『大原社会問題研究所雑誌』*730*: 3-18.

公害資料館ネットワーク［編］（2016）.『公害資料館ネットワークの協働ビジョン』〈https://kougai.info/about/vision（最終閲覧日：2022 年 12 月 12 日）〉

小山仁示［編］（1973）.『戦前昭和期大阪の公害問題資料』関西大学経済・政治研究所.

澤井余志郎［編］（1984）.『くさい魚とぜんそくの証文——公害四日市の記録文集』はる書房.

澤井余志郎（2012）.『ガリ切りの記——生活記録運動と四日市公害』影書房.

清水善仁（2011）.「アーカイブズにおけるアウトリーチ活動論——大学アーカイブズを中心として」『アーカイブズ学研究』*14*: 36-53.

清水善仁（2020）.「近現代日本の公害史研究と公害関係資料」『大倉山論集』*66*: 167-195.

清水善仁（2021）.「公害資料の収集と解釈における論点」『環境と公害』*50*(3): 16-22.

竹沢尚一郎（2015）.「フォーラムとしてのミュージアム」竹沢尚一郎［編］『ミュージアムと負の記憶——戦争・公害・疾病・災害：人類の負の記憶をどう展示するか』東信堂.

戸島　昭（1992）.「地方自治体の記録をどう残すか——文書館へのステップ」『記録と史料』*3*（の

ち全国歴史資料保存利用機関連絡協議会［編］（2003）．『日本のアーカイブズ論』岩田書院.）

蜂谷紀之（2017）．「水俣病情報センターの資料整備と活用――水俣病研究における歴史的資料の意義」『アーカイブズ学研究』*27*: 111–126.

平野　泉（2018）．「「研究者アーカイブズ」を考える――歩き，読み，書いた二人の事例」『Musa 博物館学芸員課程年報』*32*: 27–36.

平野　泉（2021）．「公害の記録を読む――私が記録に問いかけると，記録も私に問いかける」安藤聡彦・林　美帆・丹野春香［編著］『公害スタディーズ――悶え，哀しみ，闘い，語りつぐ』ころから.

平林祐子（2006）．「「飯島伸子文庫」開設――環境社会学の歴史と発展を辿るアーカイブ」『環境社会学研究』*12*: 178–185.

宮本憲一（2014）．『戦後日本公害史論』岩波書店.

Pearce-Moses, R.（2005）. *A Glossary of Archival & Records Terminology*. Chicago: The Society of American Archivists.

第1部

第2部

第3部

第8章
社会変革に向けた社会運動アーカイブズの役割

薬害スモン被害者団体記録から

川田恭子

1 運動とアーカイブズ

1-1 運動のなかで記録がはたす役割

　薬害や公害被害者が掲げるスローガンに「悲劇を二度とくり返さない」という誓いの言葉がある。その誓いを達成するために，被害者同士あるいは支援者が他団体と連帯し，被害回復と同時に原因究明を行っている。こうした運動の根幹をささえるために，運動の記録が活かされている。蓄積された資料は，当事者以外にもメディア，研究者などが記録を利用することで，公害被害の記憶が社会に伝播し，悲劇を起こさないという運動の理念が広がっていく。記録を媒介として運動を継承していくために，社会運動の記録をあつかう機関が存在しているのである。こうした資料や機関を社会運動アーカイブズと呼ぶ。

　公害被害者の資料は，利用されることで活かされ，その役割をはたしている。一つ目の利用方法は，自組織内の利用である。実践しているのは，薬害 HIV 被害者団体（はばたき財団）の「はばたきライブラリー」や大阪の大気汚染公害被害者団体（あおぞら財団）の「西淀川・公害と環境資料館エコミューズ」などである。運動団体のなかに資料を蓄積，公開する施設をもち，組織記録を利用している。この場合，団体内でアーカイブズ機関を設立し，自身の活動の証拠・記録を継承することで，次世代に活動を継承するという役割をもつ。

　二つ目は，外部機関での利用である。運動団体が作成した記録を大学などのアーカイブズ機関・資料館が収集し，管理を行いながらさまざまな運動を広く社会に開いていくという役割を担っている。こうしたアーカイブズでは，運動の記録が学生や研究者，ジャーナリストによって，大学の卒業制作，学術論文，報道に使われている。

　そして，三つ目として最も重要なのは当事者の利用である。現在も続く水俣病の被害認定裁判では，過去の自身の裁判記録や検査記録などをアーカイブズから引き

出し，裁判に利用することがある。新たな薬害被害者も，過去の裁判の記録から学び，自分たちの権利回復に利用している。

　では，様々に利用される公害被害者運動のアーカイブズとは具体的にはどんなものだろうか。私たちが生みだし，利用している資料はどんな背景のもとにつくられているのだろうか。資料の語る物語をひもとくことで私たちはいったいなにを得ているのだろうか。

1-2　社会を変革するための薬害・公害被害者運動

　戦後日本の市民運動の原点といえば，ベトナム反戦運動を展開した1965年結成の「ベトナムに平和を！市民連合」（べ平連）や1960年に日米安保条約改定反対運動から登場した反戦団体の「声なき声の会」があげられる。1960年代は，安保闘争やベトナム反戦運動だけでなくアメリカでは公民権運動が行われ，もっとも運動が盛り上がっていた時代である。社会学者の道場親信が言うように，それまで社会主義運動を主軸としていた運動が「個々の市民が自発的かつ自立的に問題に取り組む市民運動」へと運動の主体が変化したのが1960年代と言えるだろう（道場, 2006）。その直前から運動がはじまり，それまでの経験を活かして人びとが闘ったものの一つに，高度経済成長と重なって起きた公害，薬害などの被害者運動がある。公害や薬害の被害者運動は，裁判を伴い，政治的・社会的な変化を求める。本章ではこうした社会運動から生まれる資料を読み解くことで記録の力を検討していく。

1-3　社会運動アーカイブズの意味と意義

　具体的な資料を見る前に，アーカイブズとはどんな意味か，簡単に確認しておきたい。アーカイブズとは，組織や個人が活動に伴って生みだす記録を保存し公開する機関であり，同時に資料そのものをあらわす言葉である。では，社会運動のアーカイブズとはどのようなものか。

　運動団体が生みだす記録という意味でのアーカイブズは，あらゆる形態の資料を指す。運動団体が日々つけているブログやSNS，会議資料，集会のときにかかげる横断幕などもふくまれている。難しい言葉でいうと，アーカイブズは記録の集合体であり，記録とは個人や組織の活動の結果から生じる証拠性のある資料という意味がある。社会運動アーカイブズとは，社会運動に関わる人たちが生みだしたあらゆる記録が積み重なったものである。

　また，こうした記録の保存，公開など管理を行うための機関としての社会運動

アーカイブズがある。これは，団体の内部にある場合と，外部に存在する場合が考えられる。

　社会運動アーカイブズの特徴として，運動団体が記録を作成するが，団体自身がそれらを蓄積，保存，公開，管理を続けることが難しい現状がある。詳しくは後述するが，外部のアーカイブズ機関と連携することにより，記録が残り，社会の記憶としての公害経験を継承することが可能になると考えている。

　ロンドン大学教授でアーキビストのアンドリュー・フリン氏は，イギリスにおける黒人など社会的マイノリティの集団がそれぞれ独立したアーカイブズをつくることで，自身のアイデンティティの形成に寄与し，国の歴史からの排除に抵抗していると語っている（Flinn et al., 2009）。公害被害者は，自身が公害の被害者であるということを自ら証明しなければ被害回復の運動を闘っていけない。同時に，様々なバックボーンをもった人びとが公害被害者であるという1点で結びついて闘うのが被害回復運動である。そうしたなかで国や大企業といった強大な相手と交渉し，権利回復をしていくためには支えとなるアイデンティティの形成が不可欠となろう。そのためにもアーカイブズは必要なのである。

　では，公害被害者の運動が生みだす記録とそれを保存するための機関としてのアーカイブズの二つが，実際に公害経験の継承にどんな役割を果たすのかを以下にみていきたい。

2　薬害被害者運動からみる記録の力

2-1　健康になるための薬が戦後日本最大の被害を生んだ：薬害スモン

　社会運動アーカイブズの具体例として，薬害スモン被害者団体が生みだした記録をみてみたい。薬害スモンとは，正式名称を亜急性脊髄視神経末梢神経障害（Subacute Myelo-Optico-Neuropathy：SMON）といい，1950年代から70年代にかけて胃腸薬として使われていたキノホルム剤が原因となった薬品公害（薬害）である。キノホルム剤は，当時処方薬だけでなく186種類の市販薬に使われており，とくに胃腸薬を飲む機会が多かった中年以上を中心に日本全国で被害が発生した。被害者は末梢神経が障害されることで視力や手足の機能を奪われ，薬害と認定されるまでは原因不明の奇病として扱われ，患者や家族が差別を受ける状況におかれた。1955年頃に最初の患者があらわれ，戦後の日本社会で比較的早い時期に起きた薬害事件だったこと，全国に被害が及んだこと，被害者の数が厚生省の発表でも1万人

以上と多数だったことなどから「戦後薬害の原点」と呼ばれることもある。1970 年
8 月に新潟大学の椿忠雄教授によって厚生省に「キノホルム服用とスモン発生率に
相関関係あり」と報告され，同年 9 月 5 日の第 34 回日本神経学会関東地方会で「キ
ノホルム原因説」が発表されると，3 日後の 8 日に厚生省はキノホルム剤の販売停止，
使用中止の行政措置をとる。その結果，新たなスモン患者は一気に減少した。しか
し，椿報告以前は，「全国流行の奇病スモン病　伝染病とほぼわかる」（『朝日新聞』
1966 年 1 月 22 日付）と報道されたり，厚生省主催スモン調査研究協議会（班長は
国立予防衛生研究所ウイルス中央検査部長・甲野礼作）によって日本公衆衛生学会
で「スモンはウイルスによる感染症の疑いが強い」と報告されたりと，事実とは異
なる「感染症」「ウイルス由来」というレッテルを貼られている。

　このように，発生後長く原因不明のため有効な治療手段がみつからず，手足の
まひや視力が奪われるという症状が感染するという風評が厳しい社会的排除を招き，
患者を苦しめた。こうした状況に患者同士が手をとりあって抗するために，1967 年
6 月の山形県米沢市スモン病患者同盟（のちの山形スモンの会）結成を皮切りに全
国に患者組織がつくられ，1969 年に初の全国患者組織である全国スモンの会（会長
相良丰光）が結成され，1971 年 5 月 28 日に会長の相良氏がスモン被害者の原告代
表として東京地裁に初の提訴をした。このとき，彼は少数代表，東京一括訴訟を提
起し，民事訴訟として患者 1 人あたり 5,000 万円の包括一括慰謝料を求めた損害賠
償請求を行っている。しかし，自身の目の届かないところで訴訟が行われることに
疑念を持った患者たちが，新たな全国組織を立ち上げた。それが 1974 年結成のス
モンの会全国連絡協議会である。全国のスモン被害者の連帯と加害企業 3 社および
国との闘いを支援するために結成され，のちに患者を代表する団体となる。

2-2　薬害被害者団体　スモンの会全国連絡協議会の記録

　スモンの会全国連絡協議会（略称：ス全協）加盟者を中心とした薬害スモン被害
者は，キノホルム剤の製造・販売を行っていた日本チバガイギー株式会社，武田薬
品工業株式会社，田辺製薬株式会社の製薬会社 3 社と，重篤な副作用が発生するこ
とをわかっていながら取り締まりを行わず責任を果たさなかった厚生省（当時）を
被告とする裁判の支援を行っている。公害・薬害の被害者運動の中心には必ず権利
回復のための裁判があるが，スモンも例外ではない。ただし，ス全協が主体となっ
て裁判を行ってきたわけではなく，各地裁で被害者一人ひとりが原告となり，裁判
闘争を行っていた。その連帯を支え，地裁の証人喚問や判決の際に大きな支援行動

表 8-1　薬害スモン簡易年表

※年表は，スモンの会全国連絡協議会編『薬害スモン全史』全4巻（1981-1986）および実川（1990）を主たる
　参考とし，筆者が加筆のうえ，作成した。

年	できごと	社会の動き
1899 年	スイス　バーゼル化学工業（のちのチバガイギー）でキノホルム開発	ハーグ陸戦条約締結
1900 年	スイス　バーゼル化学工業　外用防腐創傷剤（塗り薬）ヴィオフォルム（キノホルム剤）発売	パリ万国博覧会開催
1934 年	スイス　バーゼル化学工業　アメーバ赤痢に有効な内服薬として「エンテロ・ヴィオフォルム（キノホルム剤）」発売開始	ヒトラー総統誕生
1936 年	内務省　キノホルム劇薬指定	2.26 事件
1939 年	キノホルム国内生産開始 厚生省　キノホルム劇薬指定解除	ノモンハン事件
1955 年頃〜	国内でスモン患者発生	高度経済成長突入
1956 年	キノホルム大量生産開始	水俣病公式確認
1957 年	山形市患者多発。これ以降，たびたび集団発生起こる	砂川事件
1964 年	日本内科学会で東大脳研助教授・椿忠雄ら SMON 命名 「五輪ボートコース付近にマヒの奇病独発　埼玉県戸田」と朝日新聞報道	東京オリンピック開催
1966 年	スウェーデンの医師オッレ・ハンソン，英医学雑誌「ランセット」に論文掲載。キノホルム副作用のついての警告	国連　国際人権規約採択
1967 年	初の患者組織　山形県米沢市スモン病患者同盟結成。以降，全国で患者組織結成	公害対策基本法公布
1969 年	初の全国組織「全国スモンの会」結成	東大闘争
1970 年	井上ウイルス説報道　自殺者あいつぐ 新潟大・椿忠雄教授ら　スモン・キノホルム原因説提唱 厚生省　キノホルム使用・販売停止	日本万国博覧会
1971 年	東京地裁へ全国初の提訴	成田闘争
1972 年	全国スモンの会の姿勢を正す会結成（全国スモンの会有志） スモン調査研究協議会　キノホルム説確立	あさま山荘事件
1974 年	スモンの会全国連絡協議会　結成	サリドマイド訴訟和解
1975 年	5 都県スモンの会分担金凍結（事実上ス全協離脱）—ス全協は団結望む	クロロキン集団提訴
1976 年	スモン被害者の恒久補償要求　代表者会議で決定・採択—国・製薬 3 社に要求 東京地裁（可部裁判長）による和解勧告 全国公害被害者総行動デー実施（薬害，水俣病，イタイイタイ病，大気汚染等被害者団体 82 団体，1,200 名余の参加者が東京にて集会，省庁一斉要請行動を行う） スモン連絡協議会（代表　前島光男）結成（全国スモンの会より離脱） 反薬害交流集会で企業責任追及，不買運動呼びかけ	ロッキード事件
1977 年	可部和解案（第一次）提案—ス全協役員会「法的責任不明確，恒久対策なし」と声明発表 国，武田，チバは和解受諾回答。田辺和解拒否	日本赤軍日航機ハイジャック事件

表 8-1　薬害スモン簡易年表 (続き)

年	できごと	社会の動き
1978 年	金沢地裁，東京地裁，福岡地裁判決 (福岡地裁判決で全面勝訴) 横井久美子「ノーモア・スモンの歌」発売 自治労，社民連，全行運など田辺製品不買運動 田辺製品の処方をボイコットする医師の会結成 製薬 3 社に対する不買運動強まる ス全協　介護手当，健康管理手当などを求める「当面の要求」採択 ス全協東京に運動拠点を置く (専従者として大阪スモンの会より事務局次 長松尾 (現：辻川) 郁子氏選出)	成田空港開港 日中平和友好条約調 印
1979 年	スモン被害者の恒久救済と薬害根絶をめざす全国実行委員会 (スモン全国 実行委員会) 結成 ス全協「薬事 2 法 (「医薬品副作用被害救済基金」「薬事法の一部を改正す る」法案) 修正を求める要請書」を国会に提出，初の厚生省，製薬 3 社と の直接交渉へ スモン全国実行委員会主催大行動 (〜第 11 次) 展開 長編ドキュメンタリー映画「人間の権利　スモンの場合」公開 広島，札幌，京都，静岡，大阪，前橋地裁判決。78 年金沢判決より 9 地 裁で原告勝訴 薬事 2 法成立 9 月 15 日　和解確認書調印 (ス全協・国・製薬 3 社)	米　スリーマイル島 原発事故
1980 年	投薬証明のない患者救済運動 (第 1 波〜 10 波大行動) ス全協　年内解決求め厚生省玄関前座り込み	韓　光州事件
1981 年	1 月 22 日付朝日新聞報道にス全協抗議 運動総括として『薬害スモン全史』発行 (全 3 巻，86 年 4 巻発行)	米　スペースシャト ル初飛行
1982 年	ス全協・ス連協　原因確定 10 年，1 人の切り捨ても許さず，年度内解決 を迫る大集会 (東京) 開催	国連環境計画会議・ ナイロビ宣言
1983 年	スモンの会全国会議結成 (ス全協より一部スモンの会が離脱)	
1984 年	ス全協　1 人の切り捨ても許さず最終解決をせまる 10・2 スモン総決起 集会開催 (東京) ス全協から大原社会問題研究所へ資料群寄贈 東京高裁古賀照男氏裁判審理開始	
1986 年	厚生省　スモン健康管理手帳発行	
1987 年	仙台地裁最終和解成立	
1994 年	最高裁古賀照男氏裁判棄却	

を起こしたり，製薬会社や厚生省への抗議行動をしたり，弁護団との密な連携を行ってきたのがスモンの会全国連絡協議会である。

　1974 年 3 月 31 日に東京の千日谷会堂で 32 都道府県から集まった被害者，支援者たち約 4000 人が参加する結成集会が開かれた。代表には 1983 年まで会長を務めることになる新潟スモンの会会長の相馬公平氏が選出された。加盟した各地スモンの会は代表者を選出し，その代表者会議が会の方針を討議し，会長以下役員会が運営

実務を担った。

　会は薬害被害者の権利回復運動を行い，その活動報告を会報「ス全協ニュース」に，毎年「たたかいの総括と運動方針」として掲載した。また，冊子「クスリはこわい」などを刊行し，スモンへの理解と薬害の恐ろしさを訴えるなどの広報活動も行っていた。

　このように内外へ主張を訴えることで薬害による被害回復を求める運動は，同時に社会に対して自分たちの被害を知ってもらい，他の公害・薬害運動団体とも連携し，二度と薬害を起こさないための運動となっていく。薬害をふくめた公害の根絶のためにス全協と共にイタイイタイ病や大気汚染被害者団体などが中心となり，全国公害被害者総行動が行われるようになる。この運動は現在も続けられ，2021年現在47団体が所属し，毎年6月の環境週間に「全国公害被害者総行動デー」を実施，集会や各省庁との交渉を行っている。開催主体である全国公害被害者総行動実行委員会は東京にあるスモン公害センターにおかれている。

　薬害スモンの裁判闘争は，1978年金沢地裁の初判決から，1979年8月の前橋地裁判決までに東京や福岡，札幌など9地裁続けて被害者勝訴となった。結果，1979年9月15日に国・製薬3社とスモンの会全国連絡協議会との間で和解確認書が交わされた。ス全協は当時もっとも加盟人数が多い団体で，設立以来，厚生省へ要求書の提出，製薬会社への不買運動，座り込み運動，被害者の恒久救済や薬害根絶をめざす大集会などを繰り返し行ったことで，和解の際には全国の被害者を代表する役割を果たしたのである。

　この会の記録は結成の1974年から国と和解した1979年の時期を中心に，会結成準備段階の会議録や被害者を支え薬害の根絶のために動き続けている会の活動を記した会報などを含め，約半世紀分の活動資料が残されている。1984年に会の事務所移転をきっかけにそれまでの活動記録が大原社会問題研究所に寄贈されていた。さらに2019年，大原社会問題研究所環境アーカイブズに1984年から2019年までの記録が寄贈された。

　現在，環境アーカイブズ[1]は1984年までの記録を全点公開している。それだけでも1万点以上の物量がある。大別すると，まず会自身が作成した記録と，加盟している各地域のスモンの会や関連団体から収集した記録に分けられる。作成した記録とは，会の運営や事務の記録，活動方針を決める会議録や広報誌，ビラや出席簿

1) 環境アーカイブズ〈https://k-archives.ws.hosei.ac.jp/〈最終閲覧日：2022年12月12日）〉

などの集会関連記録があげられる。収集した資料は，作成者がス全協以外のもので
ありマスコミで報道されたときの記事をスクラップしたもの，また先ほどふれた薬
害被害者総行動関連の記録や各地スモンの会からス全協に渡された裁判記録，さら
には被告企業の一つ田辺製薬の社内報のスモン特集号（『MSC だより　No.82』）や
連携していた労組が発した「千代田区労協発第 5 号　「"マックス争議" 単組代表会
議・西陣社前集会への参加要請」（千代田区労働組合協議会）といった薬害スモン以
外の運動のビラなどもふくまれている。

　目録上はこのように分けてはいないが，スモンの会全国連絡協議会自身が作成
した記録をみていくと会の運動の展開がわかりやすく，収集した記録からは他団体
との連帯などがみえてくる。そのどちらにも運動当事者の声が残っている。以下に
スモンの会全国連絡協議会が作成したビラと弁護団が作成した裁判資料を見ながら，
記されている内容を具体的にみてみたい。

2-3　記録の力を考える：ビラに描かれた詩から浮かぶ被害実態

　こうして蓄積された記録が果たす公害経験の継承への役割とはどのようなものか。
それを考えるために，まず 1 枚のビラに注目したい。

　1979 年 5 月 29-31 日の第 2 次大行動配布ビラの裏面に「三日間の健康を私に与え
てください。——あるスモン患者の詩」という詩が載っている（図 8-1）。

　　神様お願い　三日間の健康を私に与えてください
　　以前の健康な姿を三日間
　　そして　私は静かにこのベッドにもどって来ます。
　　そして　永遠の花園へ第二の幸福を求めて旅立ちます。
　　（法政大学大原社会問題研究所環境アーカイブズ所蔵：0002-B38-255-43〔ビラ〕
　　本日，第 1 日目！スモン全面解決要求第 2 次大行動に参加しましょう）

　この言葉ではじまる詩は，健康な自分にもどれたら娘と夫と悔いのない時間を
すごし，幸せな気持ちのまま天国へ行きたいとつづったものである。親子三人でカ
レーライスを食べながらテレビでドリフターズ（当時人気だったコントグループ）
を見たり，成長期の娘に必要品を買いそろえたり，家族でウィンドウショッピング
をしたいというたわいない時間を三日間でよいからすごしたいと語っている。

　この詩を書いた一家の主婦だった女性は，スモンの主症状である神経障害のた

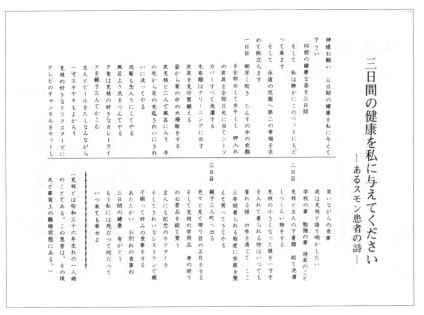

図 8-1　患者勝訴判決が続いた 1979 年の行動で配布されたビラ（ID:0002-B38-255-43）

め手足が動かなくなり，寝たきりとなってしまった。しかも，それがまだ薬害とは
知られていない時期だったため，夫から離婚され，娘とも引き離されて，この詩を
書いたときには家族とは会えない状況にあった。彼女の実際の状況は，裁判資料に
実名で被害の訴えとしてあらわれている。そこでは，キノホルムによる身体的障害
だけでなく，家族からも見捨てられ世間からも冷たい目を向けられたと，社会的な
被害がどのようなものだったのかも書かれている。この詩の彼女だけでなく，離婚，
一家離散は頻々と例があり，スモン患者のいる家族が町ぐるみで排除され銭湯にも
行かせてもらえなくなったといった訴えもある。

　ビラに掲載された詩は，被害者自身の心の支えと同時に，社会に対して理解を求
めるために書かれたものでもある。ビラの詩を見ただけでは，彼女が家族から引き
離された状況にあるとは思えない。しかし，裁判資料に記載された被害実態とあわ
せて読むことで，薬害スモンが実際には手足のまひという身体の障害とともに，家
族の離散や社会生活からの疎外といった悲しみも被害者にもたらしていたことがわ
かる。ビラや会誌だけでは，実際の被害状況を知ることはできない。一方で，裁判

資料だけでは被害実態を社会にどう訴えていたのかを知るには不十分であり，被害者が回復したい権利とは生活を保障する損害賠償だけではないことを理解できない。こうした記録がともに残っているからこそ，表と裏の両面から被害者の思いを知ることにつながるのである。

2-4　記録の力を考える：カルテを廃棄した医師たちの動き

　裁判資料には，被害実態だけが残されているわけではない。裁判では自身が薬害の被害者であることを証明しなければならないがゆえに，医師にキノホルム剤を投薬したことを証してほしいと証明書（いわゆる投薬証明書）を要請している。この証明は非常に重要で，1972 年 3 月 19 日付の朝日新聞は「スモン患者，死の抗議 カルテ公開拒まれ 訴訟の道 医師が断つ 病因 売薬とはごまかし 遺書で訴え」と，投薬証明書が得られなかった患者の自殺を報じている。たった一枚の投薬証明書があるか，ないかで生死すら分けたのである。

　こうした状況を背景に，裁判の過程で投薬証明書を手に入れられない患者を救済するため，弁護団を中心に投薬を指示したであろう医師たちから聞きとりや文書を

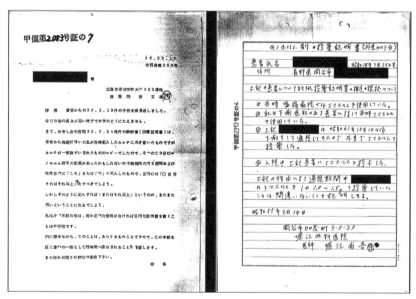

図 8-2　裁判資料として弁護団があつめた医師たちの証言
（環境アーカイブズ所蔵 ID：0002-B5-41-4 の一部）

収集している。投薬指示が書かれるカルテ（患者の診療録）は，医師法と保険医療
機関及び保険医療養担当規則（厚生労働省令第 15 号）で，5 年保存のルールがあ
る。逆にいえば，現場では最終診療日から 5 年たてば廃棄してもかまわないと理解
されている。公害や薬害の裁判は起点から 20 年後に裁判が起こるケースもあるた
め，自らが被害者である証明書が残っていないことがある。その際に，なんとか証
明書の代わりになるものをと集めたものである（図 8-2）。

　弁護団が集めたカルテコピーの一部を受けとったある医師は，10 数年前に自身
が記した診断書（カルテ・投薬証明書）は残っていないため正確な投薬の量を記し
た証明書は書けないが，送付されたカルテは自分が書いたもので，一定程度以上の
投薬が行われたことは事実であり，それについて認めた手紙をそのまま裁判所へ提
出してほしい，と回答している。また，ある医師は投薬証明書の補足の報告として
「右患者が昭和 44 年 9 月 20 日から 10 月 30 日までの間当院に通院中エンテロヴィ
オフォルムを投与した旨を昭和 52 年 4 月 19 日付投薬証明書に記載したが，これは
当時当院の外来病棟では胃腸患者に対し一般にエンテロビオフォルム及びエマホル
ムを投与していた事実の他に右患者の外来カルテが紛失する以前にスモンに関心を
持ちスモン患者について調べるために右カルテを見たときにエンテロビオフォルム
の投与の記載を確認したことがあったからである」という文書を裁判所に証拠とし
て提出している[2]。

　また，さらに別の医師は「私は同病院在職中，腹部疾患の患者にはキノホルム剤
を投与するのを常とし，上記患者も例外ではなかったこと」「投与したキノホルム
剤は，かならずエンテロビオフォルムを使用し，ほかの商品名のキノホルム剤は
使用しなかったこと」「成人に対しては 1 日量 0.6g ～ 1.0g を投与していたこと」
を認めたうえで「以上により，上記病状記録に記載した記事は，当時の記録がな
いため，記憶にたよらざるをえなかったが，正確であると考える」と証明書を発
行している[3]。

　このように，正確な記録が残されていなくとも，医師たちは自身が証明できる
ギリギリの内容を伝えているのである。薬害裁判の際に，医師は何もしてくれな
かったと言われることもあるが，できるかぎり答えていることが伝わってくる。

---

2) 文中のエンテロビオフォルム，エマホルムはともにキノホルム剤の名称であり，表記ゆ
　れは原文ママ。
3) 記録の記載はすべて法政大学大原社会問題研究所環境アーカイブズ所蔵「0002 スモンの
　会全国連絡協議会・薬害スモン関係資料」による。

もちろん，被害当事者にとってはもどかしい気持ちになると思う。しかし，薬害スモンの裁判資料のなかにできる範囲で誠意を持った報告をしようとしている痕跡が残っているというのは，大きな意味がある。それは，「法律に則って廃棄してしまったから証明書をだせない」のではなく，この範囲であれば伝えられるというラインを示しているからである。医師が自らの仕事に誠実に向き合うなら，ここまではできるという具体的指針となる貴重な記録といえるだろう。同時に，被害当事者と弁護団が証拠をそろえるためにどれだけ尽力したかをも示している。残された記録のなかには，こうした被害者をとりまく人びとがどのように動いたのかも残されている。

　これまで見てきたのは被害者団体の記録であるため，被告となった製薬会社や国の動向は十分に検討していない。しかし，医師の記録があるように，裁判資料には加害者側の主張も残されており，被害者の主張に被告側がどのように応えたのかもみることができる。スモンの会全国連絡協議会の資料は，組織の記録がほとんどそのまま大原社会問題研究所へ寄贈され，環境アーカイブズへと受け継がれた。ささいな記録もすべて残されているからこそ，こうした多面的な視点が確保され，薬害を過去のものとせずにいられるのである。

③　経験の継承に記録を活かす

3-1　ミニコミも裁判資料も会議資料もともに残す

　前節までで紹介した裁判資料は，裁判の場で公開された記録ではあるが，一般に広く読まれるためにつくられたものではない。一方で，一般向けの情報誌として，会誌やミニコミを発行している運動団体は多い。これらは多くの場合，冊子になっていたり，製本されているので，読みやすい形状である。そのため団体側も残しやすいし，支援者や図書館など受取手にも残されている。スモンの会全国連絡協議会の記録を持つ環境アーカイブズも「0042 東京都立多摩社会教育会館旧市民活動サービスコーナー所蔵資料」という名で，1960 年代から 2000 年代初頭にかけて収集された市民団体発行のミニコミを 5000 ファイル近く所蔵しているし，べ平連のアーカイブズなどを持つ立教大学共生社会研究センターでは，住民図書館で収集されてきた住民運動・市民運動に関わるミニコミを中心に 5 万点以上の機関誌を所蔵し，現在も運動団体のミニコミを収集している。

　こうした発行物は，内容を見ても対外的に発する情報が年度報告や翌年度の方

図8-3　1976年の役員会議事録と弁護団作成の広報誌「スモンと闘う」

1976年の役員会議事録では「（厚生省との議論が）企業本位につらぬかれ」ていると直截な批判が書かれている。一方，弁護団作成の広報誌「スモンと闘う」1979年4月号では国との直接交渉実現と厚生省に対して一定の評価もまじえている（資料ID0002-B34-234-54，0002-B52-329-43）

針といった形でまとめられており，数年分を見通すと運動団体の動きが俯瞰できる。しかし，これらは公開されている情報が中心であり，実際に運動が動くためにどんな準備が必要なのか，どんな費用がかかっているかなどはみえにくい。また，読みやすくまとめられている一方で，どのような議論を誰が行って方針が策定されたか，といった意思決定の動き自体は反映しにくい。

外に発信する言葉と内側で議論するときの生々しい言葉は，使われる用語もまったく違うものになる。運動団体の総体を紹介したり，歴史を学んだりするためには会誌やミニコミは有用な資料だが，公害の経験を継承するには，それだけでは不十分である。

運動の実際を知り，経験を後世に継承していくため，それらと同時に書類や会議のレジュメも伝えていく必要がある。対外的なスローガンや主張とともに，運動の理論や実態を記した記録をあわせて残していくことで，生の体験を伝えていくことができる。

3-2 記録を残すためのアーカイブズ機関のとりくみ

私たちは日々携帯電話で，パソコンで，手書きで膨大な記録を生みだしている。特に現在は紙資料だけでなく，データの蓄積も多い。例えば一般財団法人水俣病センター相思社のサイトの「スタッフのひとこと」というブログや公害資料館ネットワークの Facebook も運動団体の日常業務を伝える大事な記録の一つである。現在進行形で増え続ける記録に加え，さきのスモンの会全国連絡協議会資料のように歴史的な記録は膨大な物量がある。これらは運動団体の内部で継承されていくことが理想的ではあるが，一団体や個人が何十年も維持するのは難しいのが現状だろう。特に問題を解決するために運動を闘っている当事者たち自身に記録管理をしよう，残そうといってもなかなか実行できない。

そこでアーカイブズ機関との連携を考えてみたい。運動団体は社会変革を求めるのが主たる活動であるが，アーカイブズ機関は証拠性のある記録（活動を体現した資料の集積）を保存し，管理し，公開していくことが使命である。運動の経験の継承にはアーカイブズ機関の利用が考えられるのではないだろうか。現在も，各地の大学や自治体，民間の資料館などで記録の継承へのとりくみがなされている。

例えば公害教育を行う資料館の連携を目的に 2013 年から活動している公害資料館ネットワーク[4] 加盟の機関一覧を見ても，法政大学，立教大学，熊本大学，熊本学園大学，宮崎大学と大学付属の資料館や文書館の名があがっている。熊本学園大

学は水俣病研究センターでチッソ第一労組の記録などを管理しているし，宮崎大学には土呂久歴史民俗資料室ができた。運動団体の外部でも，こうした公害資料の散逸を防ぐための活動が行われている。

　国外に目を向けると，人間の健康に関わる資料が蓄積されている博物館兼図書館であるイギリス・ロンドンのウェルカムコレクションには，1962 年から 2012 年に蓄積されたサリドマイド協会の記録があり，一般に公開されている[5]。ここで記録は組織・運営についてや会員について，他組織との関係など七つのかたまりに大別され，それらの概要がネット上にも公開され，誰でも利用できるようになっている。同様のとりくみは環境アーカイブズや立教大学共生社会研究センターでも行われており，運動団体ごとに記録があることを紹介し，目録で利用申請が可能になっている。こうした公開のためのシステムはネットを介せば世界中からアクセス可能というメリットがある。

　また，国内外の公的機関にも公害の記録は残っている。イギリスの国立公文書館には，サイト内のコレクションの検索ガイドに Environmental pollution and damage（環境汚染と被害）という項目があり，水質汚染や大気汚染に関する資料を公開しているし，日本でも厚生省の記録に薬害に関しての情報が残され，厚生省や環境庁の記録に水俣病や四日市ぜんそくを代表とする水質汚染や大気汚染についての痕跡が残されている。これらは国立公文書館などで管理され，一般に広く開かれているが，公的機関だけに継承をゆだねると国や行政側の記録ばかりが残される結果となりかねない。そのため民間機関での記録の継承も大切である。

　自分たちの活動を継承していくために，外部のアーカイブズ機関を利用するというのも一つの選択肢であると思う。他の機関と連携することで，アーカイブズ機関が社会運動の記録を社会に対して広く公開していくことの意味もみえてくる。

3-3　公害経験継承のための外部機関利用のメリット・デメリット

　こうした公的機関や外部のアーカイブズ機関を利用して記録を受け継いでいく利点は，アーキビストなどの専門家の手によって管理され，公開準備が進められるという点にある。公害経験を社会に継承するためには，記録は公開され利用されなければならない。そのためにはインターネット上に目録を公開するだけでも，利用者

4）公害資料館ネットワーク〈https://kougai.info/（最終閲覧日：2022 年 12 月 12 日）〉

5）https://wellcomecollection.org/works/kgzfjtub（最終確認日：2022 年 12 月 12 日）

のアクセスを確保するという意味では重要で，資料がここにあるということを示すだけでも利用を促進することができる。利用者がいれば，薬害・公害事件にふれる機会も確保できるということで，風化を防ぐことにもつながるだろう。

　一方で，外部機関に記録をあずけるデメリットとしては作成組織の手から離れてしまうという点があげられる。必要なときに外部機関まで見に行かなければならないとなると，組織内の利用は減るだろう。データなどの複製をとって外部機関へ移管するという方法もあるが，受入機関は原本であること，組織の活動を体現した資料の蓄積があること，所有権を機関側に譲渡することなど，一定の受入条件を付していることが多い。寄贈を考えるには，機関が示す条件を受け入れられるかどうか，あるいはその条件に沿うような記録がつくられているかどうかを運動団体側も吟味する必要があるだろう。

　また，アーカイブズ機関も問題を抱えている。現在公害関係の記録を扱っている機関であっても，所蔵場所に限りがあるため新規の記録の収集を行っていない場合がある。また，受入可能となったとしても，やはりスペースや公開や収集条件との兼ねあいで一部が廃棄される可能性もある。例えば，アーカイブズ機関であれば団体の記録は受け入れられるが，そのなかにふくまれる一般の刊行物（書店で流通している本など）は受け入れられないといったケースがある。逆に図書館では寄贈者の名を冠した文庫として書籍は受け入れるが，メモやスクラップといった資料は受け入れられないというケースもあるだろう。これは，収蔵場所だけでなく著作権の関係で公開ができる資料が機関の性質によって異なるという理由もあげられる。せっかく寄贈したのに公開できなければ運動団体側にも外部機関側にも利がなくなってしまう。こうした条件に双方が納得したうえで資料の蓄積・公開の場として外部機関を利用する必要がある。

　デメリットもあるが，外部機関を利用するのは公開という面ではメリットが大きい。資料公開する場がない運動団体や個人のもとに資料がある状態では，利用したいという申し出を受けてもすぐに対応することが難しい。しかし，アーカイブズ機関は機能の一つとして資料を公開している。広く社会に開くことで，運動を当事者以外の視点からも社会に問うことができるのである。

4　社会のなかの記録の役割と責任：豊かな未来をめざすために

　なぜこれほどの苦労をしてまで記録を残さなければならないのだろうか。それ

は，訴え続けなければ公害が過去の遺物とされてしまうからである。日本において，多くの公害・薬害の発生は1960年前後の高度経済成長と時を同じくしている。水俣病の公式確認は1956年，妊婦も安全に飲める睡眠薬として売られたイソミンによって引き起こされたサリドマイド禍は1959年から起きている。被害者の高齢化が進む一方であり，加えて新型感染症の蔓延のために当事者から直接経験を聞くという機会が減少していることで社会的な認知も下がり，事件の風化が懸念される。

スモンの会全国連絡協議会の事務局長だった辻川郁子氏は，91歳のときのインタビューで最近は医師ですら若い人はスモンを知らないと語り，記録を公開するにあたっては「運動の中身よりも，こういうこと（薬害）がどうして起こるのか，どうすべきなのかということを知ってほしいです。」（辻川，2019）と言っている。

そもそも，スモンの原因となったキノホルム剤は当初外傷薬として開発され，日本でもアメーバ赤痢に限り内服薬として使用可能な劇薬指定をされていた。しかし，これまでの運動や研究では，1936年に受けた劇薬指定が，1939年の日本薬局方（現薬機法）改正で劇薬指定を解除され普通薬として収載された理由は解明されていない。普通薬となったからこそ副作用のない胃腸薬として喧伝，大量生産され，被害が拡大したと訴えた被害者たちの原因究明の願いには応えられていないのである。

辻川氏らの薬害スモンの闘いの大きな成果は1979年の薬事二法の成立，すなわち薬事法の改正と医薬品副作用被害救済基金の成立である。このとき薬事法は薬の承認基準の明確化や承認後の再審査制度の導入，副作用情報の収集，医薬品の製造と品質管理に関する規定の法制化，安全性についての虚偽や誇大広告の禁止などを定めている。これは被害回復の一定の成果といえるが，医薬品副作用被害者救済制度の給付の対象となるのは，「1980年5月1日以降に医薬品等を適正に使用したにもかかわらず発生した副作用による疾病」と定められ，スモン以前の患者に適用されないといった問題を抱えている。

また，薬事法は大きな薬害のたびに改正されてきた。薬害発生当時の薬事法（1960年公布，1961年施行）は，医薬品等の「規制と適正をはかること」を目的に設置されたもので，サリドマイド被害やアンプル入り風邪薬のアナフィラキシーショック死（1965年）が起こるまで，副作用被害に関する規定が想定されていなかった。その後，1979年のスモン被害による大きな改正を経て（1980年施行），非加熱血液製剤による薬害HIVによって生物由来製品に対する安全対策の強化（2002年）や副作用だけでなく感染症被害救済制度の導入などが行われ，薬害肝炎により医薬品，医療機器等にかかわる安全対策の強化などが行われた結果，医薬品

だけでなく医療機器に対する管理の必要性が問われ，薬事法は「医療機器等の品質，有効性及び安全性の確保等に関する法律」（略称薬機法，2014年）に改正された。

こうした度重なる改正の理由は，先人の要求で改正された内容では被害救済には足りないために繰り返し運動で求められてきたからで，つまりはこれまでの闘いに学び，薬害根絶に向けて薬事法を刷新してきたためである。残念ながらいまだ不十分であったり，薬害と認められずに救済の手が届かないという例はみられるが，これは過去に学んだからこそ可能となった社会の変革である。

それでも，HPVワクチン被害の裁判が行なわれている状況を考えると，いまだ二度と薬害が起こらない社会が達成されたとはいえない。薬害根絶には原因解明は不可欠だが，記録に残された証拠からそれをたぐる作業はいまだ必要とされている。社会を変えていくためにも，検証を続ける必要があり，そのために記録を公開し続ける必要があるといえるだろう。

薬害スモンの運動では「一人の切り捨ても許さない」として，被害者救済に邁進してきた。薬害根絶の文脈ででてきたこの言葉は，奇しくも国連が定めた2030年までに達成するべき持続可能な開発目標（SDGs）の誓いの言葉「地球上の誰一人取り残さない」と重なっている。50年前の運動のスローガンが，現在と未来をつなぐ架け橋になっている。

こうした強い思いの集合体である薬害被害者の権利回復運動から生じる記録には，人類が地球で暮らしていくための知恵がつまっている。先ほど例として裁判記録を引いたが，ここには被害者の体験，主張，取り戻したい権利は何かが明確になっている。とすると，訴えられた企業にとっても，何を達成すれば社会的な赦しが得られるのかを確認することができるし，被害者にとってはどう攻めれば企業から実りのある回答を引き出せるかの答えがあるといってもいいだろう。公害被害の経験の継承とは，新たな犠牲者をださないために行うためのものである。先人の活動の恩恵を受けている私たちは，それを当たり前のものとせずに，受け継いでいくことが義務だろう。先人の教えを受け継ぐために，保存や公開を使命とする外部のアーカイブズ機関は一定の役割を果たすことが可能であり，同時に運動団体側は自分たちが受け継いでいた灯を消さないためにも外部機関との連携が求められている。

記録の向こうには人の営みがある。資料を読み解くことで，公害被害者の思いを知ることができ，残すことで社会に対して経験を訴えていくことが可能になる。社会運動の記録を残し，利用していくことで，運動の経験が継承され，過去のあやまちを二度と繰り返さない社会をつくることの一助になるのである。

【引用・参考文献】

淡路剛久・磯野弥生・大久保規子・尾崎寛直・宮本憲一・除本理史（2011）．「座談会 社会的災害の被害補償・救済と国の責任を考える――水俣病とアスベストをめぐる2判決を受けて」『環境と公害』*40*(3): 63-70.

一般財団法人医薬品医療機器レギュラトリーサイエンス財団［編］（2013）．『日本の薬害事件――薬事規制と社会的要因からの考察』薬事日報社.

一般財団法人医薬品医療機器レギュラトリーサイエンス財団［編］（2016）．『知っておきたい薬害訴訟の実際――企業リスクの最小化を目指して』薬事日報社.

一般社団法人保健医療福祉情報システム工業会セキュリティ委員会電子保存WG（2011）．「保存が義務付けられた診療録等の電子保存ガイドライン（第3版）」

太田幸夫（2014）．「スモン判決の軌跡を辿る」『駿河台法学』*27*(2): 97-147.

片平洌彦（1997）．『ノーモア薬害――薬害の歴史に学び，その根絶を』桐書店.

川西正祐・小野秀樹・賀川義之［編］（2017）．『図解 薬害・副作用学 改訂2版』南山堂.

厚生労働省（n.d.）「薬害を学ぼう」〈http://www.mhlw.go.jp/bunya/iyakuhin/yakugai/index.html（最終閲覧日：2022年12月12日）〉

小長谷正明（2009）．「スモン――薬害の原点」『医療』*63*(4): 227-234.

沢井　清（1973）．「病歴管理展望」『医学図書館』*20*(3): 217-233.

実川悠太［編］（1990）．『グラフィック・ドキュメント スモン』日本評論社.

スモンに関する調査研究班（2011-2017）．「スモンの集い」.

スモンに関する調査研究班（2015）．「福祉・介護職のための知っておきたいスモンの知識」（リーフレット）.

スモンの会全国連絡協議会［編］（1981-1986）．『薬害スモン全史』全4巻，労働旬報社.

全国障害者問題研究会［編］（2016）．『みんなのねがい』*12*

高橋春男（2016）．「薬事法改正の経緯からみたPMS関連事項の変遷」『薬史学雑誌』*51*(1): 29-39.

辻川郁子（2019）．「薬害根絶のために記録の活用を――スモンの会全国連絡協議会事務局長辻川郁子氏に聞く」『大原社会問題研究所雑誌』(730): 39-57.

土井　脩（2016）．「コラム薬事温故知新 スモン事件」『医薬品医療機器レギュラトリーサイエンス』*47*(8): 598-599.

橋本　陽（2014）．「個人文書の編成――環境アーカイブズ所蔵サリドマイド関連資料の編成事例」『レコード・マネジメント』*66*: 42-56.

橋本　陽（2019）．「概念としてのフォンドの考察――ISAD（G）成立史を踏まえて」『京都大学大学文書館研究紀要』*17*: 1-14.

橋本　陽（2022）．「印鑑と電子署名が与える証拠能力とその限界――アーカイブズ学からの考察」『日本歴史』(884): 85-92.

ハンソン, O.／柳沢由実子・ビャネール多美子［訳］（1978）．『スモン・スキャンダル――世界を蝕む製薬会社』朝日新聞社.

平野　泉（2016）．「市民運動の記録を考える」『社会文化研究』*18*: 35-55.

平野　泉（2018）．「「研究者アーカイブズ」を考える――歩き，読み，書いた二人の事例」『Musa博物館学学芸員課程年報』*32*: 27-36.

松村泰志（2013）．「電子カルテ文書の秘密分散外部保存の検討」第33回医療情報学連合大会，110-113.

道場親信（2006）．「1960-70年代「市民運動」「住民運動」の歴史的位置――中断された「公共性」論議と運動史的文脈をつなぎ直すために」『社会学評論』*57*(2): 240-258.

Flinn, A., Stevens, M., & Shepherd, E. (2009). Whose Memories, Whose Archives? Independent Community Archives, Autonomy and the Mainstream, *Archival Science, 9*: 71-86.

第1部

第2部

第3部

第9章
公害資料の活用を促す仕組み

環境アーカイブズの活動から

山本唯人

1 公害資料の活用を促す：「深い活用の促進」という視点から

　安藤聡彦は，公害資料館には「困難な歴史」（Rose, 2016）を解釈する営みに場を提供する役割があり，そのためには，職員・ボランティアなどの「歴史実践家」と「来館者」が共に学習し，知見を共有する活動を促進する必要があると述べている（安藤, 2021：25-27）。

　ローズによれば，「困難な歴史」とは，「広い意味では，抑圧や暴力，トラウマ」の歴史であり，「悲痛さに満ち，その歴史を語ることを困難にするような知的・政治的リスクに取り巻かれた記憶の一カテゴリー」のことである。それは単に，犠牲者にとって痛みや苦しみが存在するからというだけではなく，今日の生活に影響を及ぼし続けているがゆえに，「語ることが困難な」歴史でもある（Rose, 2016: 28）。

　公害とは，人びとに深刻な被害をもたらすとともに，現代社会の「豊かさ」を実現した産業発展の一側面でもある。その意味で，立場によって，多義的な解釈がせめぎ合う「困難な歴史」の一つといえる。解釈に多様な立場がありうるゆえに，時に「抵抗感」を伴う事実や解釈に出会うこともある。それでも，その「抵抗感」も受けとめながら学び合うことを通して，公害資料の意義は広く共有されるものとなる。こうした視野を持つことは，公害資料の保存・公開機能を担うアーカイブズの立場から，その活用を展望するうえでも大切なことである。

　アーカイブズは，歴史的に貴重な意義を持つ資料を保存・公開する。しかし，公害資料の様にその意義づけ自体に困難が畳み込まれた資料の場合，その具体的な意義は，資料が活用されるプロセスを通して，常に問い返され，再認識されることを安藤の整理は示唆している。そうだとすれば，公害資料のアーカイブズには，保存・公開とその活用が一つのサイクルとなって，互いの機能を支え合う構造を意識

し，通常のアーカイブズ以上に一歩深く，活用を促進し，その成果を日常の活動に
フィードバックする取り組みが求められる。

　ここでいう「深い活用の促進」とは，いったん構築された検索や発信のシステム
も動的に見直されていくものと捉え，実際の活用する営みを通じて得られる知見を，
絶えずアーカイブズの保存・公開する営みに反映し，さらなる資料の活用を促進す
ることである。

　では，具体的にどのような活用の促進が，アーカイブズにできるだろうか。従
来，そのもっとも基本的な手法とされるのが，「アウトリーチ」である。清水善仁
は，日本と海外におけるその定義や実践を広く検討したうえで，アーカイブズにお
ける「アウトリーチ」を，「アーカイブズの存在をより広範囲の人びとに認識して
もらい，そのことを通して利用の促進やアーカイブズ情報の有用性を広く伝えるた
めに，アーカイブズの側が主体的に外部に向けて行なう活動がアウトリーチであり，
とくにその対象となるのはアーカイブズの存在を知らない人や社会である」と定義
する（清水, 2011：41-42）。そして，その活動のミニマム・エッセンスは，「情報発
信」「展示」「講座・講演会」であるとした。

　「アウトリーチ」の特徴は，「アーカイブズの存在を知らない人や社会」を対象
とすること，すなわち，潜在的な利用者に直接働きかけて，資料の活用を促すこと
である。利用者からのフィードバックを参考に，活動の改善をめざす「深い活用の
促進」のビジョンにとって，利用する立場の人びとと直接接触するアウトリーチは，
もっとも重要な活動のレパートリーであることは間違いない。

　ただし，保存・公開と活用の間に橋を架けるという視点から，アーカイブズの活
動の過程全体を見渡してみると，活用の促進につながる要素は，必ずしも「アウト
リーチ」の局面だけにあるとは限らない。資料の収集，整理，保存，公開，いわゆる
アーカイブズの基本機能と呼ばれる活動の様々な局面に外部との接触・連携と，活
用の促進につながる知見が埋め込まれている。

　本章では，活用の促進に関わる活動を，資料が公開されたあとのアウトリーチだ
けに限定せず，資料の収集から公開に至るすべての局面にわたり，外部と接触・連
携を保ちつつ，資料の活用を目的として行われる活動の連鎖を，「活用促進のネッ
トワーク」と呼ぶ。アウトリーチも，それだけが孤立して行われる活動ではなく，
その前提となる活動がアウトリーチを豊かにし，その成果もまた，日常の活動に
フィードバックされることで，それ以外の活動と関わりを持つ。こうした活用の促
進を目的とする活動が，アーカイブズの多様な局面で意識され，その成果が活用の

促進に，「もう一つのサイクル」として取り込まれることで，資料の活用は発展し，アーカイブズの意義も社会的に定着するだろう[1]。

　本章ではこうした観点から，主に「環境問題」に関する資料を保存・公開する法政大学大原社会問題研究所環境アーカイブズ（以下，環境アーカイブズ）の活動を事例に[2]，①目録・資料群概要の充実を目的とした資料寄贈者への聞き取り，②学内の学部生向けガイダンスの取り組みを紹介し，活用促進のネットワークを豊かにし，「深い活用の促進」を支える仕組みが，現実のアーカイブズでどのように展開できるかを考える。そのうえで，③平和博物館の取り組みと比較しながら，「語り」という資料をどのように保存・活用するかという課題を補足的に考察し，「活用の促進」が「日常の時間」と長期の「歴史的時間」を含む重層的な時間のなかで，資料の意義を捉えなおす営みであることを指摘する。

---

1) 平野泉は，日本の運動記録をめぐる状況には，二つの悪循環（vicious cycle）があるとする（平野，2016）。その一つは，運動記録を所蔵・公開するアーカイブズが少ないため，研究者は運動当事者に直接アプローチして資料を入手し，それゆえ，資料価値が一般に認識されず，アーカイブズ機関の収集姿勢も消極的になり，運動記録も増えないという「利用」をめぐる悪循環である。もう一つは，運動記録を所蔵するアーカイブズが少ないため，運動当事者はいつか社会の役に立つという発想を持ちづらく，活動中は現用の記録管理に時間を割かない。そのため，活動を終えて，非現用になってから事後に整理しようとするため，記録は散逸しがちで，未来の市民が活用しやすい形で残らず，したがって，アーカイブズ機関も受け入れに消極的になり，運動記録も増えないという「作成・保存」をめぐる悪循環である。本章でいう「活用の促進」行為を媒介とする，保存・公開と活用のサイクルとは，前者の「利用」をめぐる悪循環を，逆回転させるようなものとイメージできるかもしれない。

2) 環境アーカイブズは，2009年8月，環境社会学者・舩橋晴俊を機構長とする法政大学サステイナビリティ研究教育機構（「サス研」と略す）の環境アーカイブズ・プロジェクトとして設立された。2010年5月ごろから，「国内外の環境問題，環境政策，環境運動の資料を幅広く収集して整理し，社会的に公開して広く教育・研究に資することを目指します」と目的を掲げ，「資料寄贈のお願い」文書を公表して一般から資料収集を始め，約850箱の資料を収集した。2012年12月，環境アーカイブズ資料公開室を開設して資料公開を開始した。サス研は資金的な問題のため2012年度末で閉鎖となり，2013年4月，環境アーカイブズは法政大学大原社会問題研究所に統合されて，「法政大学大原社会問題研究所環境アーカイブズ」となった。環境アーカイブズの歩みについては，清水（2016, 2017, 2019）参照。

2 目録・資料群の充実を目的とした寄贈者への聞き取り： 資料の文脈を補う資料の収集

　アーカイブズを利用するとき，利用者がまず出会うのは，そのアーカイブズが公開する「目録」とその資料群がどのようなものであるかを解説した「資料群概要」である。アーカイブズにおける業務の大半は，資料整理を通じて，この目録と資料群概要を作成することに当てられている。その意味で，目録と資料群概要は，アーカイブズの専門的活動の成果を凝縮したものであり，資料と人びととの活用をつなぐもっともコアにあるものといえる。

　しかしながら，アーカイブズでは，1点ずつの資料とそれを綴じたファイル，さらに資料群全体の階層構造が複雑で，例えば，1点ずつの図書を単位に，リストが作成される図書館の目録に比べて，目録だけを手がかりに資料の概要を掴み，求める資料にたどり着くことが難しい。その難しさを補うものとして，資料群概要がセットで公開されているが，この記述も書式が専門的で，目録の読み解きと連動させるには，一定のリテラシーが必要である。

　結果として，目録を館のウェブサイトで公開するだけでは，多くの場合，予備知識の少ない一般利用者の活用を促すには不十分である。目録と資料群概要を，標準的な書式を踏襲しながら，読みやすく，充実させること，そして，いったん公開された目録や資料群概要についても，利用者の声を集めながら，そのあり方を不断に点検し，使いやすくする工夫を絶えず重ねることが，アウトリーチと並んで，「活用促進のネットワーク」の中心的な課題といえる。

　特に，行政機関や企業など，恒常的な組織の記録とは異なって，公害資料のように，一回性の出来事を扱い，必要なときに結成され，目的を果たせば解散する一時的な組織や関係する個人の資料群は，残された資料をみるだけでは，その活用に必要な文脈情報を把握することが難しいという特性を持つ。

　民間の資料では，選別や配列の基準が明示されていないため，資料の収集後，事後的な知識で補って，目録の前提となる「資料の秩序」を見出さなければいけない場合も多い[3]。多様な視点からのアクセスに開くからこそ，恣意的な解釈で，資料が作成されたときの秩序を動かさないのがアーカイブズの原則ではあるが，事後の知識で補う以上，いったん作った目録を絶えず様々な視点でチェックするのは，必

3）　一つの取り組みとして，橋本（2014）。

要なことでもある。

　「困難な歴史」に関する資料の場合，「これが正しい」と考える，その「正しさ」の基準を，多様な視点，利用者の指摘などと照合し，別の視点から眺め直す可能性に絶えず開いておくことが，結果として間違いが少なく，「使いやすい」目録を整備することにもつながるだろう。

　こうした観点から，環境アーカイブズでは，「川俣修壽・サリドマイド事件関係資料（第3次寄贈分）」の目録公開にあたり，記述のチェックとともに，資料寄贈者の川俣修壽氏に，資料収集の経緯に関する詳しい聞き取りをお願いし，文脈情報の補足を試みた[4]。

　サリドマイド事件とは，サリドマイドを含有する睡眠薬・鎮静剤（イソミン他）を妊婦が服用したことで，胎児の四肢，内臓，耳などの成長に著しい影響を与えた薬害で，これを契機に表面化した様々な問題の総称を指す。日本では，1965年ごろから被害者の一部が原告となり，国と発売元の製薬会社を提訴し，1974年に和解が成立した。

　サリドマイド事件関係資料は，所蔵者の川俣修壽氏より，2010年5月，7月，11月の3回に渡り，最初の資料群が寄贈され（第1次寄贈分），2011年12月，その一部が環境アーカイブズ資料公開室で公開された。2011年6月13日，第2次寄贈分が寄贈され，当時在籍したリサーチ・アシスタント（RA）により，第1次・第2次寄贈分の全体の目録・資料群概要が作成され，2013年11月に公開された。それを受けて，第3次寄贈分の目録・資料群概要を作成したのは本資料群整理担当・後任のRA長谷川達郎氏であり，川俣氏への聞き取りも長谷川氏が中心になって担当した。聞き取りは，2020年11月16日に法政大学市谷キャンパスで1回，同年11月26日，12月7日，2022年3月3日に環境アーカイブズで3回，合計4回実施した。

　その結果，従来の目録では，「支援者・支援者団体」のシリーズに分類されていたある団体（財団法人子供たちの未来をひらく父母の会）が，実際は「被害者団体」であることがわかり，新たに「被害者・被害者団体」のシリーズを設け，そこに関連資料を分類し直すという，シリーズ編成の修正を行った。

4）川俣修壽氏は，「サリドマイド裁判を支援する市民の会」メンバーとして，裁判当時から被害者支援に関わったジャーナリストである。「和解」による裁判の終結が「正義の解決」だったのかを自分なりに評価したいとの動機から，膨大な資料群の収集を始め，その成果を『サリドマイド事件全史』（川俣，2010）をはじめ，各種の資料集などにまとめている。

図9-1　「サリドマイド事件関係資料」資料整理担当 RA・長谷川達朗氏による
資料寄贈者・川俣修壽氏への聞き取り（2020 年 11 月 16 日於法政大学市谷キャンパス，出所：筆者撮影）

　団体や個人の資料は，文脈の明らかでない固有名の固まりで構成される。その名称を知っている者には，瞬時で判別できる情報も，知識を持たない整理者が，資料に書かれた情報だけで，その性格を把握するのは至難であり，最終的に確定不可能な場合も多い。固有名は，事後的な調査や推測でその意味や位置づけを補うことが難しい，しかし，出来事の経験の核につながる重要な情報の一つである。そのような情報について，寄贈者への聞き取りで補うことは，正確な情報を確認し，結果として事実と異なる発信を訂正できる場合があることが明らかになった。

　一方で，寄贈者への聞き取りに基づく情報自体，揺れ動くものであり，資料に立脚し，一貫した基準で作成した目録にどこまで反映させるかは，その都度，慎重な判断が必要である。聞き取りによって得られた情報は，ほかの資料によるダブルチェックを行い，またアーカイブズに反映した場合，情報の出所や修正の過程を明記し，必要十分な修正をはみ出す部分については，参考記録としてオフィス内に蓄積するなど，細心の工夫が求められる。

　こうした資料寄贈者との接触は，目録・資料群概要の充実に直接生きる側面以外に，資料の意義や活動のニーズを学びとり，活用の促進をめぐる様々な企画を派生させる機会ともなる。環境アーカイブズでは，川俣氏の聞き取りを進めるなかで，目録公開と合わせた公開研究会を開催し，さらなる補足情報の収集や関係者への情報発信，『大原社会問題研究所雑誌』で特集企画が組まれるなど，多層的な情報収集

と活用促進の機会になった。

　資料寄贈者と連絡を取り合える関係を築くことは，近年，資料活用の壁の一つとされる個人情報保護の条件をクリアするうえでも重要である。資料における個人情報の扱いを，活動の現場から切り離された，資料所蔵機関だけで判断しようとすれば，法律の規定を機械的に適用する以外になくなり，事実上，個人名を含む情報のほとんどをマスキングせざるを得なくなる可能性が高い。資料寄贈者と関係を保つことで，権利者から許諾を得られる可能性が生まれ，引いては資料活用の機会を広げることにもなる。

　このように，資料寄贈者への聞き取りは，目録や資料群概要の補完・充実を通じて，資料の活用を促進すると同時に，その過程を通して生まれる寄贈者との信頼関係や人脈のネットワークが，資料の活用を支えるインフラともなりうることがわかる。

3　学部生向けガイダンス：大学教育との連携

　大学内に設置されたアーカイブズにおいて，学部が実施する授業やゼミとの連携は，アウトリーチのもっとも有力な機会となる。それは，前節でみた目録や資料群概要が，利用者の目から見て，どの程度「使いやすい」ものになっているかを，確認する機会にもなる。そこで，2020年度から，環境アーカイブズ担当教員が主宰する「環境・市民活動アーカイブズ資料整理研究会」（以下，「資料整理研究会」）に法政大学社会学部の教員を招き，学部の教育ニーズを把握しながら，環境アーカイブズのガイダンス・プログラムを開発した。

　具体的には，2020年7月，2度の予備調査の後，同年12月と2021年6月の2回，環境アーカイブズ・スタッフと社会学部教員による資料整理研究会を開催した。2022年1月，社会学部の学生3人を対象にトライアルでガイダンスを行い，その結果を踏まえ，さらに練り直したプログラムを，春学期終盤の7月から1年生対象の社会学部基礎演習（基礎ゼミ・1コマ100分）で実施した。春学期には二つのゼミですでに実施し，秋学期には五つのゼミでの開催を予定している（2022年8月時点）。

　第一の予備調査では，社会学部の教員1人と最近の卒業論文のテーマをもとに討論し，1年生のうちに「視野を広げる」こと，そして，「研究手法の幅広さに触れる」ことの大切さが，学部教員側から指摘された。研究においては，日常的に見え

ている世界を，別の視点から批判的に捉えなおすような経験が必要となる。実際に選択された卒論テーマをみると，4年間の学部教育を経ても，そうした視点が不十分にしか獲得できていない傾向がうかがわれた。また，研究する姿勢を身につけるには，先行研究を押さえたり，根拠を示して論証したりする，研究の「手続き」を知る必要があるが，そうした機会も不十分であると指摘があった。

　こうした討論から，環境アーカイブズが所蔵する「多様な資料群」から「多様な社会問題がある」と気づくこと，そして，「資料を読み解く」ことで何かが「わかる」経験を重ねるなど，研究すること自体の手前に，「研究する姿勢」を習得するという教育ニーズがあると把握できた。この「研究する姿勢」は，多様な解釈がせめぎ合う「困難な歴史」の資料を読み解く際に求められる視点とも通じるものである。

　第二の予備調査では，環境アーカイブズと比較的近い性格の資料を所蔵する立教大学共生社会研究センターを訪問し，市民活動資料を大学教育との関連で，どのように活用しているかを担当教員とアーキビストから聞いた。

　全学共通科目の「コラボレーション科目」を利用して，社会学部が提案部局となり，実質的には共生社会研究センターが企画運営する半期・15回のリレー式講義があること，現代史のゼミ，教育調査実習などで，担当教員を軸にじっくりと一つの資料群を読んでいくプログラムなど，多様な教育実践が展開されていることがわかった。また，アメリカで2010年に公表されたプログラムとして，「公教育に関する各州共通基礎スタンダード」（Common Core State Standard）があり，高校卒業後の教育・訓練に適応する知識・スキルとして，「一次資料を用いた教育」が行われているという情報も得た[5]。大学教育と接続するうえで，教養教育という視点が一つの接点になりうることを，このリサーチで感じ取ることができた。

　こうした予備調査を経て，2020年12月，社会学部教員3人と環境アーカイブズ・スタッフで資料整理研究会を開催し，この日の討論を通して，①視野を広げる，②資料を「組み合わせる」＋「リレーション」を見つける，③調べるテクニックを学ぶという，プログラムの基礎となる三つのキーワードを抽出した。

　①視野を広げるとは，環境問題＝公害だけではない様々な問題があること，調べる＝「本を調べる」だけではなく，「一次資料にあたる」という方法があると知ることである。「多様な視点が大切である」と言葉で説明するのではなく，まさに物理的

5）こうした立教大学共生社会研究センターの教育実践，海外の動向は同センターの機関誌『PRISM』第12号（2019年2月）にまとめられている。

な資料として，「多様な問題があった」事実を知ることで，学生たちの視野は広がっていくだろう。

　「②資料を「組み合わせる」＋「リレーション」を見つける」とは，複数の資料を組み合わせて，そこに何らかの「リレーション」（関係）を発見する経験を指す。ここでの「リレーション」とは，直接的には「資料と資料」の関係を指すが，そのことを通して，「運動と社会」の関係，「調査と研究」の関係など，様々な次元の「リレーション」を含む。特に，Ａという運動があったので，現在のＢという制度ができたという関係（「運動と社会」の関係）がわかると，「なぜ資料を読む必要があるのか」を理解する動機づけになるという指摘が，プログラム開発のヒントになった。

　公害を含む環境問題について，自分なりの理解の道筋を作るとは，具体的にはこうした，資料と資料の関係やその背後にある運動と社会の関係を，自分で見つけ出す経験の積み重ねの上に成り立つ。

　「③調べるテクニックを学ぶ」とは，目録・資料群概要の読み方，検索方法，閲覧申請の方法など，環境アーカイブズを使う時，具体的に必要となる技術を習得することである。①②のような経験を，具体的な公害や環境問題の読み解きにつなげるには，それを物理的に可能にする確固とした技術が必要となる。

　この三つのキーワードを土台として，2021年6月，学部教員を招いて2回目の資料整理研究会を開催した。「調べるテクニックの習得」（主にキーワード③）を軸にしたガイダンスＡ案「資料を探してみよう」と，「資料からリレーションを読み解く」こと（主にキーワード①②）を軸にしたガイダンスＢ案「資料を読んでみよう」という2通りのプログラム案を作り，討論した。

　2022年1月，Ａ・Ｂ案を合体させ，第1部を検索方法の説明を軸にしたレクチャー「環境アーカイブズの使い方」，第2部をワークショップ「資料から情報を読み取ってみよう──ビラで展示を作る」にした2部構成のプログラムを，学部生3人を対象に，トライアルの学部ゼミ・環境アーカイブズの特別連携セミナーとして実施した[6]。その後，プログラムを授業時間内に収めるため，元のプログラム案にあった検索方法の説明は，思い切って実習を伴わないレクチャーのみに削ぎ落し，「資料から情報を読み取る」ワークショップを軸にしたプログラムに全体を再構成

---

6) その成果は，環境アーカイブズのウェブサイト記事「Web展示 薬害スモン ビラが伝える患者たちのメッセージ」として公開されている〈https://k-archives.ws.hosei.ac.jp/event_detail/20220329/（最終閲覧日：2022年8月16日）〉。

した。

その結果，完成したプログラム【「100分 de ガイダンス　環境資料って何？——環境アーカイブズの使い方」】は，第1部「レクチャー：環境アーカイブズの使い方」（環境アーカイブズの紹介，検索方法の解説）・25分，第2部「ワークショップ：資料を読んでみよう——ビラで展示を作る」・55分，第3部「成果発表とふり返り」・20分という3部構成になった。

第2部のワークショップでは，20人前後の学生を，1グループ・4～5人からなる四つのグループに分け，環境アーカイブズから持参した薬害スモン資料をもとに，展示案を考えてもらう課題を出した。ワークショップは三つのパートからなる。

第1パートでは，実際の資料群概要と目録の一部を紙に印刷して配布し，学生を順に当てながら，資料群概要の要点を読み上げ，資料群の背景となる情報を学習する。

第2パートでは，1人1枚の資料（ビラ）を選び，ワークシートをもとに各自で情報を読み取ってもらう。

第3パートでは，回答を記入したワークシートをもとに，グループ内でどのような資料（ビラ）があったかを共有し，その順番を考えて一連なりの展示案を作る。

最後に第3部で，その成果をお互いに発表し，感想を語り合って終了という流れである。

資料には，研究の蓄積のある「スモンの会全国連絡協議会・薬害スモン関係資料」（受入番号 0002）を選択した。政府・製薬企業から和解を勝ち取った1979年のビラを集めたファイル・「運動ビラ 1979年「保存用」」（資料 ID 0002-B39-258）のなかから，資料（ビラ）を1グループの人数分（最大6点）選んでおき，実際のワークはその複製で行った。

ただし，ガイダンスの会場には，資料の実物を資料箱ごと出庫・持参し，ワークショップの冒頭で，保管の状態や実物の雰囲気を間近で見てもらった。

ビラの内容としては，国と製薬会社に患者の要求を伝えるチラシ，歴史的な確認書を勝ち取った報告，投薬証明のない患者など「歴史的な確認書」で救われなかった患者の声，広報用のドキュメンタリー映画の紹介，「スモンのたたかい」のために作られた楽譜など，一つの視点で並べるのが難しいビラを，あえて組み合わせて提示した。

ここで，検索方法の説明においては環境アーカイブズのウェブサイトが，そして，ワークの題材となる資料の文脈や位置づけを知るために，目録や資料群概要が

鍵となる役割を果たすことに注意しよう。目録・資料群概要の充実と豊かなアウトリーチの実現が，それぞれ孤立した活動ではなく，ネットワーク的につながることで，資料の活用を引き出していく構図が理解されるだろう。

　2回実施したガイダンスのうち，1回で学生から感想アンケートを取ったので，その結果を紹介しよう（回答者17人）。

　質問1「環境アーカイブズを知っていましたか」では，全員が「知らなかった」と回答した。

　質問2「セミナーは役に立ちましたか」（5段階評価）では，11人が最高評価の「5」，6人が次に評価の高い「4」と回答した。

　その理由（自由記述）については，「資料の原本（レプリカ）を見て学ぶことの意味が体感できた」「薬害という問題があることは知っていたけれど，このように実際に資料をみることで，理解を深めることができた」「環境アーカイブズの存在，使い方などを知る機会が今まで無かったので知ることができてよかった」「本はピンポイントで見たいものをすぐには見られないが，資料であればピンポイントで見ることができることが分かった」「資料の探し方から読み取り方まで，レポートや卒論でも生かすことができそうな内容が多く含まれていた」「資料を使うことで説得力が増したり，一連の出来事がより理解が深まることを知った」など，多角的な評価をもらうことができた。

　質問3「改善点」では，「少し説明が長く，理解できない所があった」「資料が全グループ共通だと，各グループの思考の違いを知ることができるが，異なる資料であれば各班の発表に関心が湧くかなと思った」「班での議論をもう少し充実させた方が面白いと思った」などの指摘があった。

　このように，当日の雰囲気を含めて，ワークショップのパートでは，全体として学生の参加意欲を引き出し，「それまで知らなかった社会問題に触れること」「一次資料にあたるという調べ方を知ること」「アーカイブズという施設とその初歩的な利用方法を知ること」など，研究会で抽出した三つの問題意識について，手ごたえのある反応を得ることができた。

　ポイントは，プログラム開発の最終的な局面で，「検索方法の習得」という通常のガイダンスであればメインになる「技術教育」の側面を最低限の分量に削ぎ落し，「資料からリレーションを読み解く」方法に触れるという「教養教育」的な内容に思い切って内容を絞ったことだろう。ここでいう「教養教育」とは，専門的な技術・知識を学ぶ手前で，そもそもなぜ「この技術・知識」が必要なのかを体感的に学び，

専門的な学びへの丁寧な導入を図ることである。言い換えれば，ある社会問題を，「多視点的に見る」という経験を先にしたうえで，そこから必要な技術やより専門的な知識の学びに進むという道筋である。

こうした視点が，一定程度学生たちに響いたのは，第一に，ガイダンスの課題を，①「資料を読み解く」経験を体感的にわかってもらったうえで，②アーカイブズ利用の「技術」を学ぶ，という2段階に分け，①の導入的な学びに焦点を絞ったこと，第二に，こうした段階的な学びのプロセスが，現在の学部教育の課題ともかみ合っていたということが考えられるだろう。

確かに明確なルールに沿って作成される公文書に比べると，民間の団体や個人によって収集された資料は，文脈を掴みづらく，活用のイメージも湧きにくい。しかし，その「わかりにくさ」は，丁寧な活用促進の取り組みに支えられることで，一見，ばらばらに見えるものの組み合わせに，「つながり」を発見する楽しさや，「わかりやすさ」の自明性を裏側から見つめなおす，奥深い魅力に転化する。こうした段階を踏まえた，丁寧な導入的学びの大切さと，「教養教育」的なアプローチによって引き出された民間資料の可能性が，今回のガイダンスの実践から浮かび上がったと，ひとまずはまとめられる。

その上で，そこには，いくつかの課題も横たわっている。

第一に，アウトリーチから一歩進んで，資料の活用促進のネットワークを充実させるという問題意識に照らすと，今回実現できたプログラムは，あくまでも途中段階に過ぎない。「資料を読み解く」ことを体感したうえで，実際にアーカイブズを使う段階に進むには，資料の検索方法を中心とした「技術・知識」の習得が必要である。さらに，習得の機会自体も，アーカイブズ側からのアウトリーチにとどまらず，ウェブサイトによる自己学習や実際の利用・レファレンスなど，多様な学びの回路の連携によって総合的にサポートされる必要がある。そのためのプログラムを，大学教育のどの段階で，誰（どの部局）が提供するかが次の課題となる。理論上は，3年生以上の専門課程に進んだ段階のどこかで，まとまった学習の機会が提供されるとよいが，その見通しは立っていない。

第二に，単発的に外から外挿する形のプログラムでは，1コマの時間で内容を完結させる必要があり，やれることが限定されてしまうという問題である。具体的には今回，希望者参加の有志企画として，「書庫見学ツアー」を企画したが，2回のガイダンスを通して，希望者ゼロという成績となった。2022年度はまだコロナ流行の影響が残り，オンラインと対面が混在しているという事情はあるが，さらに根本的

な背景としては，必要単位数の多さやアルバイトで忙しいなどの事情で，学生たちの「すき間の時間」が薄くなり，授業外での学びが組みにくくなっていることがある。学部主催の行事と連携して学びのモチベーションを上げるなどのアイディアも学部教員側からあったが，根本的な解決には，学部教育とのもう一歩深い連携が求められそうだ。

　第三に，このプログラムを実施するアーカイブズ側での体制の問題，引いては，大学教育のなかで，アーカイブズ的実践がどのように位置づけられるかという問題である。環境アーカイブズが所属する大原社会問題研究所では，統合から10年経過することを目前に，資料の活用に取り組もうという問題意識が高まり，研究所の運営委員や役職を務める学部教員から支援を受けて，この活動が展開できた。

　一方で，アーカイブズの日常業務の中心は，収集した資料の整理とその保存・公開にあり，そこに仕組みとして，どの程度，「活用の促進」とそこからのフィードバックを業務として組み込むべきかは議論があるだろう。また，大学教育という視点で見た場合，アーカイブズの限られたスタッフで，提供できるガイダンスの回数は，1学期に数回程度とわずかに留まる。「社会学部」の「基礎演習」だけでも38ゼミが開講されており，専門課程や他学部との連携まで視野に入れれば，負担という問題はさらに大きなものとなる。

図 9-2　環境アーカイブズ・ガイダンス，ワークショップ風景
（2022 年 7 月 12 日，法政大学多摩キャンパス社会学部棟 4 階，出所：筆者撮影）

4 「語り」という資料の将来：平和博物館との比較を通して

　最後に，今は活用できているが，将来を見据えたときに，生まれてくるだろう活用の促進に関わる課題として，「語り」という資料の長期的な保存・活用の問題を，平和博物館の取り組みとの比較によって検討する。

　清水万由子は，戦後の公害経験は，「同時代の出来事として人々に経験される時代」から，「証言や教科書等の記述からしか公害を想起できない時代」へと，移行する途上にある「生乾き」の歴史であると述べる。そして，そうした段階の「公害経験の継承」の課題を捉えるには，公害に先行して，「時代の移行」を経験しつつある，「戦争経験の歴史化過程」を参照することが有用であること，そこから想定できる課題の一つとして，公害資料館における「語り部活動」や集められた「証言の展示・映像資料」をどのように保存し，適切に活用できるかという問題に注目する（清水，2021：5-7）。

　確かに，体験者が「語る」という方法は，その出来事が「同時代」の経験であることの印であり，世代交代でその活動ができなくなったとき，形ある「資料」によって，どのようにその機能を引き継げるかは，継承をめぐる取り組みや議論の前提を見つめる問いとして重要である。

　一方，平和博物館において，「語り」という資料の継承がどのように論じられているかというと，体験世代による「語り」を非体験世代による「語り」によってどう引き継ぐかという角度からの議論が多い（石橋・早川，2019）。資料論という観点から，「語り」の保存や活用，文書資料との性質の異同などを論じる議論は緒に就いたばかりである。そうした議論の全体をこの場で展開することはできないが，一つの事例として，東京大空襲・戦災資料センターが保管する「空襲体験記」をデジタル化するプロジェクトの事例から[7]，参考になると思われる視点をいくつか挙げてみよう（山本，2022）。

　第一に，「語り」には，話し手に対して聞き手から「問い返し」ができるという清水善仁の指摘にあるように（清水，2021：18），その場の「状況」を利用してメッセージを送り合うという表現行為の特性がある（状況依存性）（オング，1991：107

7）山本唯人，小薗崇明，石橋星志を研究メンバーとして，東京大空襲・戦災資料センターが保管する『東京大空襲・戦災誌』第1巻に収録された空襲体験記の入稿原稿のデジタル化と，その研究・教育への活用方法を検討するプロジェクト。2019-2022年度，科研費の助成を受けて展開されている。

–124）。一方，文書資料の場合，文字に情報を固定化することで，言葉が発せられた状況から，時間と空間を越えてメッセージの伝達が可能になるという特性を持つ（遠隔伝達性）（川田，1992：430）。「語り」という資料は，状況依存性を前提にするため，世代的限界を越えて継承することはできない。そこから，「語り」を，遠隔伝達性を備えた「記録」に置き換え，その保存と両者の質的な違いを踏まえた活用方法を探るという課題が生まれてくる。

　したがって，第二に，こうした長期の保存・活用の課題を展望すると，「語り」という資料も「語りの記録」という形ある資料によって保存されるのであり，文書や映像資料を保存・公開してきたアーカイブズの機能と，接点があることがわかる。特に「語りの記録」は，原則として，「個人」によって語られたことの記録である点に注目すると，組織文書ではない団体や個人の記録事例のなかに，保存や活用のヒントが埋め込まれている。

　例えば，「空襲体験記」は，遠隔伝達可能な「文字」による記録という意味では，「語り」と異なる性格を持つ。一方で，それは，「個人」によって書かれた記録であり，その点で，文字に直され，状況から切り離された「語りの記録」とは，似た性質を持つ。

　「個人」によって書かれた記録は，組織文書の様に明示されたルールを持たず，主観によって情報の取捨・選別が行われるため，書かれたテキストを読むだけでは，その情報がどのような文脈で選ばれたのかを，解釈することが難しい。そこで，体験記を歴史的な資料として活用するには，読み取れない記録の「行間」（文脈情報）を補うような記録の収集が必要であると指摘されている（山本，2022：115）。

　仮に「語り」を録音や映像に記録したうえで，言語的な情報を文字記録（トランスクリプト）の状態で保存すれば，上記でみた「体験記」と同様の問題が生じるだろう。一見，「語り」をそのまま保存したようにみえても，「状況」から切り離され，「聞き返す」ことができなくなった「語りの記録」は，記録の「行間」を補う記録の支えがなければ，活用の難しい資料となる。こうした知見は，戦争経験に関する「体験記」の継承をめぐる取り組みから導かれたものだが，公害経験の「語り」という「生乾き」の状態にある資料を，将来の活用の促進という課題につなぐうえでも，参考になるものがあるだろう。

　平和博物館の取り組みから得られる知見は以下の四つにまとめられる。まず第一に，原則として，「語ることで伝える」という方法は，簡単にほかの手段で代替できない，貴重な営みである。

　第二に，そのうえでなお，「語り」という資料のメッセージを継承するには，音声や映像，文字など，何らかの形ある「記録」に置き換えて，その長期的な保存・活用の体制を整える必要がある。既存の文書資料，音声・映像資料などの保存・公開方法に学びながら，出所を明らかにし，系統的にその記録化と整理・保存・公開機能を結びつけ，「語りの記録」のアーカイブズを構築することが課題になるだろう。

　第三に，そのようにして，保存・公開された記録を活用するには，物理的に記録が残るだけでは不十分であり，その記録の「行間」を補う記録の収集が，厚みを持って展開されることが必要である。これが伴わなければ，物理的に記録が保存されても，活用の可能性は狭められ，経験の継承はやせ細ったものとなる。

　第四に，公害経験の「語り」の保存と活用は，戦争経験の継承に比べて，遅れて開始された時差があるため，先行する取り組みに学び，前もって「時代の移行」に備える時間的余裕がある。この時間的遅れという条件を生かして，いまは人が生きて語っている公害経験の「語り」を記録に落とし込んでいくこと，記録しながら，記録の行間を補う記録を収集すること——記録化と付属資料の収集という営みのなかに，活用促進のネットワークを未来に継続する鍵が潜んでいることを，平和博物館の取り組みからは学ぶことができる。

5　結　論

　本章では，「困難な歴史」に関するローズの議論を，公害資料の活用の課題に接続した，安藤聡彦の議論を参照しながら，「深い活用の促進」という理念を提示した。そして，アーカイブズにおけるその課題を，「アウトリーチ」を中心にした従来の議論よりも一歩広げた視野から点検し，取り組みを始める必要を問題提起した。

　「深い活用の促進」とは，公害資料の意義が，所蔵機関から一方的に伝達されるものではなく，活用されるプロセスを通じて，初めて明らかになり，共有されるという見方を前提にしている。それは，資料の活用を促進し，その成果をフィードバックする業務のサイクルのなかで，さらに活用を促進する営みを指す。理論の演繹的な適用が，一筋縄では通用しない公害資料の活用に，公開しながら活用し，活用しながら公開するというリフレクティブなアプローチを取り入れていくことでもある。こうした視点から，「アウトリーチ」だけに集約されない「活用促進のネットワーク」という概念を提示し，近年の環境アーカイブズの取り組みから，目録・資料群概要の充実を目的とした「資料寄贈者への聞き取り」，学部生向け「ガイダンス」と

いう二つの活動例を紹介した。

　第一に，「寄贈者への聞き取り」については（第2節），資料作成の経緯自体が不明確な団体や個人の資料の場合，資料の状態だけから，一貫した目録を作ろうとすると，相当な範囲を推定に頼ることになり，資料自体からは真偽の判断をしきれずに，情報発信する可能性があることを，「川俣修壽・サリドマイド事件関係資料」の事例から紹介した。

　寄贈者への聞き取りは，資料に立脚した情報の限界を補正できる可能性がある。一方，聞き取りの根拠となる個人の記憶は，時間の経過で揺れ動くものであり，目録や資料群概要を修正する場合，情報の出所や修正の過程を明記するなど，その扱いに十分な注意を要することも指摘した。活用の促進という視点から見た場合，目録と資料群概要は，アーカイブズの成果を集約し，資料と活用を架橋するコアになるものである。その内容をわかりやすく，誤解の少ないものにする取り組みを，日常の活動に埋め込むことは，活用を促進する仕組みとして重要である。

　第二に，法政大学の学部生向けに開発した環境アーカイブズの「ガイダンス」については（第3節），検索方法の学習などを軸に「技術の習得」を中心にした技術教育的アプローチと，資料を読み解く経験などを軸に「研究する姿勢の習得」を中心にした教養教育的アプローチがあり，今回のプログラムでは，後者の方向に絞ったことが，一定の成果につながったと指摘した。

　そして，日常的な資料の収集・整理，目録・資料群概要の充実と，アウトリーチの現場が，活用の促進という視点でネットワーク的につながることで，豊かな活用を引き出す可能性に焦点を当てることができた。ただし，活用の促進という視点からは，このプログラムは道半ばであり，実際のアーカイブズの使用に結びつくには，「技術の習得」を目的としたプログラムや，アーカイブズの活動にフィードバックする回路をどう構築するかという課題がある。

　第三に，公害経験が，「同時代の出来事」から「過去の歴史」へと移行しつつあるという長期の時間を視野に入れたとき，立ち上がってくる課題の一つに，「語り」という資料の保存と活用という問題がある。そのことを，平和資料館の活動との比較を通して検討した（第4節）。これ自体，単独の論文を要する大きな課題であるが，「語り」がその発せられる場を越えられない状況依存的な性質を持つのに対して，「文書資料」は時間と空間を越えてメッセージを伝える遠隔伝達性を持つこと，そして，「語り」を保存するためには，その性質の違いを意識したうえで，文書や音声，映像など形ある「記録」に置き換えるという実践に媒介される必要がある。

　そのうえで，いうまでもなく，状況から離れた「語りの記録」は「語り」そのものではない。「語り」から「語りの記録」へと，情報の形態変化を踏まえた活用の工夫が求められる。具体的には，「空襲体験記」のデジタル化を進めるプロジェクトを参考に，「語り」を「語りの記録」に置き換えた際に，解釈の難しくなる，記録の「行間」を補足する記録の収集が，「将来の活用」を左右する鍵となる課題の一つであると指摘した。

　戦争経験の継承に比べて，遅れてスタートした条件を生かせば，公害経験の「語り」について，十分な余裕を持って，「将来の活用」に備える活動を展開できるだろう。長期の時間を視野に入れることは，資料の保存・公開と活用のサイクルという「日常の時間」と，「語り」から「記録」へ，「記録」を活用した「語り直し」へと連鎖する「歴史的時間」を重ね合わせ，その重層的時間のなかに「資料」を位置づけ，いまの課題を未来の活用の促進という課題に結び付けることである。

　活用の促進とは，資料の意義を重層的な時間のなかで見つめ直し，受け手である他者と共に学び，また未来へと送り出していくことなのである。

【引用・参考文献】

安藤聡彦（2021）．「教育資源としての公害資料館——アウトリーチに胚胎する未来」『環境と公害』*50*(3): 23–29.

石橋星志・早川則男（2019）．「日本における戦争体験継承活動に関する予備的考察」『アジア太平洋研究センター年報』*16*: 34–41.

オング, W. J.／桜井直文・林　正寛・糟谷啓介［訳］（1991）．『声の文化と文字の文化』藤原書店．(Ong, W. J. (1982). *Orality and Literacy: The Technologizing of the Word*, London: Methuen & Co.Ltd.)

川田順造（1992）．『口頭伝承論』河出書房新社．

川俣修壽（2010）．『サリドマイド事件全史』緑風出版．

清水万由子（2021）．「公害経験継承の課題——多様な解釈を包むコミュニティとしての公害資料館」『環境と公害』*50*(3): 2–8.

清水善仁（2011）．「アーカイブズにおけるアウトリーチ活動論——大学アーカイブズを中心として」『アーカイブズ学研究』*14*: 36–53.

清水善仁（2016）．「日本のアーカイブズ界における「環境アーカイブズ」の位置」『大原社会問題研究所雑誌』*694*: 3–13.

清水善仁（2017）．「法政大学における「環境アーカイブズ」の取り組み」『大学史論輯 藜誌』(12): 111–132.

清水善仁（2019）．「環境アーカイブズ10年の記録」『記録と史料』*29*: 22–29.

清水善仁（2021）．「公害資料の収集と解釈における論点」『環境と公害』*50*(3): 16–22.

橋本　陽（2014）．「個人文書の編成——環境アーカイブズ所蔵サリドマイド関連資料の編成事例」『レコード・マネジメント』*66*: 42–56.

平野　泉（2016）．「市民運動の記録を考える——アーキビストの視点から」『社会文化研究』*18*:

35–55.

山本唯人（2022）.「重層的記録としての戦争体験記——東京空襲を記録する会・東京空襲体験記
　　原稿コレクションを事例に」蘭　信三・石原　俊・一ノ瀬俊也・佐藤文香・西村　明・野上
　　元・福間良明［編］『シリーズ戦争と社会 2　社会のなかの軍隊／軍隊という社会』岩波書
　　店, pp.114–118.

Rose, J.（2016）. *Interpreting Difficult History at Museums and Historic Site*, Lanham: Rowman
　　& Littlefield.

第1部

第2部

第3部

あとがき

　本書の経緯を紹介しておこう。本書には様々な専門分野や立場の執筆者が集まっている。直接的に公害資料館の活動に携わってきた者もいれば，隣接領域から公害資料館との関わりを持つようになった者もいる。本書の多様な執筆者をつないだ接点は，公害資料館ネットワークの活動である。

　公害資料館ネットワークの活動目的は，全国の公害資料館など公害教育を行う組織同士の交流を図ることである。例年開催されてきた公害資料館連携フォーラムも，各地の実践報告を中心に，学びあいの場をつくることに注力してきた。一方で，そもそも公害資料館とはどうあるべきか，公害経験の何を，誰に，どのようにして，そして何のために伝えるのか，といった根本的な課題について議論を深めることは困難だった。そこで，2017年に公害資料館ネットワーク内に研究グループを立ち上げて，「公害資料館連携フォーラム」教育分科会担当の安藤聡彦，資料分科会担当の清水善仁，企業分科会担当の清水万由子，ネットワーク事務局に所属する林美帆が集まり，公害資料館の役割を掘り下げて考えていこうということになった。

　そこに2017年度の「公害資料館連携フォーラム in 大阪」の企画・運営に現地受け入れ側として尽力した除本理史が加わり，2019年度からは科研費基盤研究（C）「公害経験の継承に向けた公害資料館の社会的機能」（19K12464，研究代表者：清水万由子）の研究会がスタートした。新型コロナウィルス感染症の流行で現地調査は十分にできなかったが，研究メンバーが公害資料館ネットワークの活動を通して一定の共通認識を持っていたことも幸いしてか，月1回のペースでオンライン研究会を続け，文献紹介やゲストを招いてのインタビューを行うなどして議論を深めることができた。研究会は，2022年度より科研費基盤研究（C）「「困難な歴史」としての公害経験を学習し継承する主体形成過程の研究」（22K12507，研究代表者：清水万由子）の研究課題に引き継がれている。本書は今後も続く研究の中間的成果となろう。

　ただし，本書は上記科研費研究のみによる成果ではない。本書各章の筆者は関心を共有しつつも，異なるバックグラウンドを持つため，"自分の土俵"での研究成果も踏まえて執筆されていることを申し添えておく。

　本書のうち，第1章（清水万由子），第2章（除本理史），第3章（林美帆），第4章（安藤聡彦），第7章（清水善仁）は，『環境と公害』（50巻3号，2021年1月，岩波書店）の特集「公害資料館の現代的意義と課題」で公表した論文をもとにしている。科研費研究会の中間報告ではあったが，現場に立脚した学際的な公害研究の伝統を持つ『環境と公害』誌で公害資料館に関する特集を組む機会を得られたことは幸運であった。

　この特集論文の内容をより多くの人に知ってもらい，議論の材料としてもらおうと，公害資料館ネットワークとの共催でオンラインシンポジウム「公害資料館がはたす役割と未来」を開催した[1]。特集論文とそれに対するコメントと応答という対話形式でのオンラインシンポジウムは，公害資料館ネットワークの外部からも想像を上回る参加者を得て，議論の深まりと広がりを感じる内容となった。ここでのコメントをもとにして，第9章（山本唯人）が執筆されている。山本も公害資料館ネットワークの活動参加者であり，戦争経験の継承をめぐる社会学という隣接領域から公害経験の継承というテーマに出会っている。

　以上のような経緯に続いて，現在進行形の新たな公害である福島原発事故の伝承をテーマとする第5章（除本理史・林美帆），2021年の「公害資料館連携フォーラム in 長崎」での基調講演をもとにした第6章（栗原祐司），アーキビストの視点から社会運動資料の役割を読み解く第8章（川田恭子）が加わり，「公害経験の継承」というテーマをはじめて世に投げかける本書の構成ができあがった。

　「公害経験の継承」というテーマには，不思議と惹きつけられる何かがある。公害資料館連携フォーラムはいつも熱気に満ちていて，様々な年代，地域，バックグラウンドを持つ参加者たちが，悩みながら格闘していることに深い感動をおぼえ，同志を得たことに励まされる思いで帰路につくのである。本書の構想が持ち上がってから，できあがるまでの過程は濃密だがスピーディで，各人がこれまでに溜めてきた思いが一気に言葉となって解放されるような感覚を覚えた。本書の執筆者らによる成果も続々と発表されている（安藤・林・丹野，2021；除本・林，2022）。これまでは異なる川筋であった流れが合流し，それまでよりも大きな川の流れとなったようである。

1）公害資料館ネットワークウェブサイト「〈開催報告〉オンラインシンポジウム「公害資料館がはたす役割と未来」」〈https://kougai.info/news/1018（最終閲覧日：2022年12月12日）〉

　そこには，当然ながら 8 名の執筆者だけではない，「公害」を生きてきた無数の人
びとの苦労，無念，努力，葛藤，そして希望が流れている。その流れを途絶えるこ
とのない，豊かな恵みをもたらす川にして，未来につなげていきたい。

　最後に，ナカニシヤ出版の米谷龍幸さんには，企画段階からアドバイスをいただ
いたうえ，丁寧に編集作業にあたっていただいた。昨今の厳しい出版情勢のもとで，
本書のテーマに意義を見出してくださったことに心から感謝し，この場を借りてお
礼を申し上げます。

清水万由子

【引用・参考文献】
安藤聡彦・林　美帆・丹野春香 (2021).『公害スタディーズ──悶え，哀しみ，闘い，語りつぐ』
　　ころから.
除本理史・林　美帆〔編〕(2022).『「地域の価値」をつくる──倉敷・水島の公害から環境再生
　　へ』東信堂.

団体・施設名索引

事項索引

人名索引

執筆者紹介（執筆順，＊は編者）

清水万由子＊（しみず まゆこ）
龍谷大学政策学部准教授
担当：はしがき・第1章・あとがき

除本理史＊（よけもと まさふみ）
大阪公立大学大学院経営学研究科教授
担当：第2章・第5章

林美帆＊（はやし みほ）
公益財団法人水島地域環境再生財団研究員
担当：第3章・第5章

安藤聡彦（あんどう としひこ）
埼玉大学教育学部教授
担当：第4章

栗原祐司（くりはら ゆうじ）
京都国立博物館副館長
担当：第6章

清水善仁（しみず よしひと）
中央大学文学部准教授
担当：第7章

川田恭子（かわた きょうこ）
法政大学大原社会問題研究所嘱託研究員
元環境アーカイブズアーキビスト
担当：第8章

山本唯人（やまもと ただひと）
法政大学大原社会問題研究所准教授
担当：第9章

公害の経験を未来につなぐ
教育・フォーラム・アーカイブズを通した公害資料館の挑戦

2023年3月10日　初版第1刷発行

編　者　清水万由子・林　美帆・除本理史
発行者　中西　良
発行所　株式会社ナカニシヤ出版
〒606-8161　京都市左京区一乗寺木ノ本町15番地
　　　　　　　　　　　Telephone　075-723-0111
　　　　　　　　　　　Facsimile　075-723-0095
　　　　　Website　http://www.nakanishiya.co.jp/
　　　　　Email　iihon-ippai@nakanishiya.co.jp
　　　　　　　　　　　郵便振替　01030-0-13128

印刷・製本＝ファインワークス／装幀＝白沢　正
Copyright © 2023 by M. Shimizu, M. Hayashi, & M. Yokemoto
Printed in Japan.
ISBN978-4-7795-1723-5

本書のコピー，スキャン，デジタル化等の無断複製は著作権法上の例外を除き禁じられています。本書を代行業者等の第三者に依頼してスキャンやデジタル化することはたとえ個人や家庭内での利用であっても著作権法上認められていません。